Inhalt

I Die elementaren logischen Funktionen

1 Ein einführendes Beispiel. Einige mathematische Begriffe

Um die Eigenart der Fragestellungen in der heute so bedeutungsvollen Datenverarbeitung deutlich zu machen, beginnen wir mit einem scherzhaften Beispiel:

Herr Müller kündigt an: „Familie Meier will uns heute abend besuchen.“ Frau Müller fragt bestürzt: „Die ganze Familie, also Herr und Frau Meier mit ihren Söhnen Tim, Uwe und Kay?“ Darauf Herr Müller, der keine Gelegenheit ausläßt, seine Frau zum logischen Denken anzureizen: „Nein, ich will es Dir so erklären: Wenn **V**ater Meier kommt, dann bringt er auch seine **F**rau mit. Es kommt mindestens einer der Söhne **U**we und **K**ay. Entweder kommt **F**rau Meier oder **T**im. **T**im und **K**ay kommen entweder beide oder aber beide nicht. Und wenn **U**we kommt, dann kommt auch **K**ay und **V**ater Meier. – So, jetzt weißt Du, wer uns heute abend besuchen wird.“

Wir stellen uns nun die *Aufgabe:* Wie kann man feststellen, wer kommt, wenn die folgenden fünf Bedingungen erfüllt werden müssen.

(1) *Wenn* V kommt, *dann* kommt auch F.
(2) U *oder* K *oder* beide kommen.
(3) *Entweder* kommt F *oder* T.
(4) T *und* K kommen, *oder* beide kommen nicht.
(5) *Wenn* U kommt, *dann* auch K und V.

Die Lösung wollen wir vorerst durch sinnvolles Probieren finden, und dazu machen wir zunächst die Annahme: Frau Meier kommt.

❶ Was folgt nacheinander aus (3), aus (4), aus (2), aus (5)? Welcher Widerspruch ergibt sich? Welche Annahme ist also richtig? Zeige, daß sich ergibt: K und T kommen.

Statt des Probierens werden wir einen Lösungsweg entwickeln, der uns mit Hilfe „logischer Gesetze“ und der „Schaltalgebra“ systematisch zum Ziel führt (s. S. 42).
Dazu werden einige schon bekannte mathematische Begriffe benötigt wie Verknüpfung, Funktion, Term, die wir auf den folgenden Seiten in Erinnerung bringen.

I \ R	1 Ω	2 Ω	3 Ω	4 Ω
1 A	1 V	2 V	3 V	4 V
2 A	2 V	4 V	6 V	8 V
3 A	3 V	6 V	9 V	12 V
4 A	4 V	8 V	12 V	16 V

❷ In der nebenstehenden Tabelle wird die Stromstärke I in einem Draht mit dem Widerstand R des Drahtes so verknüpft, daß die angelegte Spannung U in Volt abgelesen werden kann.
Welche Spannung gehört zu $I = 3$ A; $R = 2\,\Omega$?

❸ Stelle die Verknüpfungstafel auf, die je zwei Elementen der Mengen
$A = \{2, 4, 6, 8, 10, 12\}$ und $B = \{3, 6, 9, 12, 15, 18, 21\}$
a) den größten gemeinsamen Teiler b) das kleinste gemeinsame Vielfache zuordnet.

❹ Gegeben sind $A = \{4, 8, 12\}$ und $B = \{6, 12\}$. Gib die Produktmenge
a) $A \times B$ b) $A \times A$ c) $B \times B$ an.

❺ Ordne den Elementen $(x; y)$ der Menge $A \times B$ aus ④ die Zahlen $\frac{1}{2}(x+y) = z$ zu und stelle die Zuordnung in einer Verknüpfungstafel dar. Welche Wertemenge (Bildmenge) C bilden die Zahlen z?

> Sind zwei Mengen A und B gegeben und ordnet man jedem Paar $(x; y)$ mit $x \in A$ und $y \in B$ jeweils genau ein Element z einer Menge C zu, so heißt diese Zuordnung eine *zweistellige Verknüpfung* oder eine zweistellige Funktion.
> Man kann dann auch sagen: Jedem Paar $(x; y)$ aus der Menge $A \times B$ ist eindeutig ein $z = x * y$ aus der Menge C zugeordnet. Man schreibt $A \times B \to C$. Gilt $A = B = C$, dann heißt diese Verknüpfung eine *innere* Verknüpfung auf A.

Beispiele zweistelliger Verknüpfungen:

a) Ist $A = \{0, 1, 2, 3\}$ und $B = \{4, 5, 6\}$, so werde jedem Paar $(x; y)$ mit $x \in A$ und $y \in B$ zugeordnet $z = \frac{1}{2}(x+y)$. Diese Verknüpfung läßt sich darstellen als

(1) *Verknüpfungstafel*

x \ y	4	5	6
0	2	2,5	3
1	2,5	3	3,5
2	3	3,5	4
3	3,5	4	4,5

(2) *Mengendiagramm*

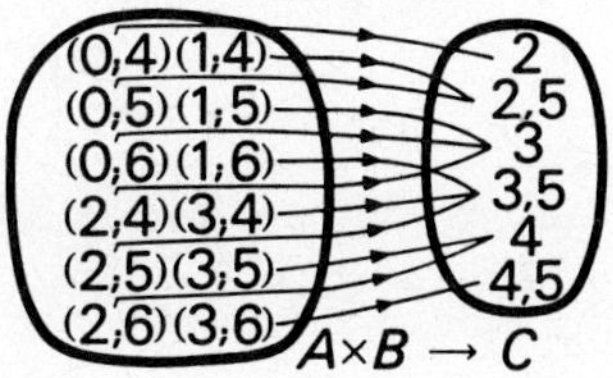

(3) *Termdarstellung*

$z = \frac{1}{2}(x+y)$ mit $x \in A$ und $y \in B$.
z und $\frac{1}{2}(x+y)$ sind Terme. Die Darstellung heißt daher Termdarstellung.

b) Gegeben: $A = \{1, 3, 5, 7\}$. $a \in A$ soll mit $b \in A$ so verknüpft werden, daß „a verknüpft mit b", in Zeichen $a * b$, das Minimum von a und b ist. Gibt es auch hier eine Termdarstellung?

Verknüpfungstafel

a \ b	1	3	5	7
1	1	1	1	1
3	1	3	3	3
5	1	3	5	5
7	1	3	5	7

c) Auf $A = \{0, 1, 2\}$ sind die Verknüpfungen $\oplus$ und $\odot$ durch die nebenstehenden Verknüpfungstafeln definiert. Es handelt sich dabei um innere Verknüpfungen.

$\oplus$	0	1	2
0	0	1	2
1	1	2	0
2	2	0	1

$\odot$	0	1	2
0	0	0	0
1	0	1	2
2	0	2	1

d) Besonders einfach ist eine Verknüpfung, wenn man die Menge $B = \{0, 1\}$ mit nur 2 Elementen zugrunde legt. Stelle für $x \in B$, $y \in B$ die Verknüpfung $x \cdot y$ auf verschiedene Arten dar. Das Zeichen $\cdot$ bedeute die übliche Multiplikation.

(1) Verknüpfungstafel

$\cdot$	0	1
0	0	0
1	0	1

(2) Wertetafel

x	y	$x \cdot y$
0	0	0
0	1	0
1	0	0
1	1	1

(3) Mengendiagramm

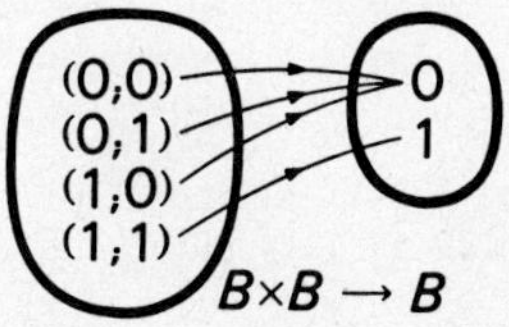

(4) Termdarstellung

$z = x \cdot y$ mit $x \in B$, $y \in B$ und $z \in B$

Es handelt sich um eine innere Verknüpfung.

e) Außer der im Beispiel d) durchgeführten Verknüpfung $x \cdot y$ der Elemente 0 und 1 der Menge $B = \{0, 1\}$ kann man noch andere Verknüpfungen $B \times B \to B$ vornehmen. Es gibt dann für $x * y$ in der dritten Spalte 16 verschiedene Möglichkeiten die Kombinationen $k_1, k_2, \ldots, k_{16}$ der Zahlen 0 und 1 anzugeben.

		$x * y$															
x	y	k_1	k_2	k_3	k_4	k_5	k_6	k_7	k_8	k_9	k_{10}	k_{11}	k_{12}	k_{13}	k_{14}	k_{15}	k_{16}
0	0	0	0	0	0	0	0	0	0	1	1	1	1	1	1	1	1
0	1	0	0	0	0	1	1	1	1	0	0	0	0	1	1	1	1
1	0	0	0	1	1	0	0	1	1	0	0	1	1	0	0	1	1
1	1	0	1	0	1	0	1	0	1	0	1	0	1	0	1	0	1

Verbindet man Zahlzeichen und Variable für Zahlzeichen untereinander durch Verknüpfungszeichen mit oder ohne Klammern, so entsteht ein *Term.*

Beispiele für Terme: $2x - 3y$; $2^x - 4$; $\frac{a}{12}$. Keine Terme sind $7+$; $(x-$; $\sqrt{+}$.

Verknüpfungen lassen sich auf verschiedene Arten darstellen, z. B. durch Verknüpfungstafeln, Wertetafeln, Mengendiagramme oder mit Termen.

$(A, *)$ bedeutet, daß zwischen den Elementen der Menge A die Verknüpfung $*$ definiert ist. Man nennt das Paar $(A, *)$ ein *Verknüpfungsgebilde.*

Aufgaben

1. Gegeben sind die Mengen $A = \{1, 2, 3\}$; $B = \{a, b, c\}$.
a) Gib $C = A \times B$ an. Wieviel Elemente hat C?
b) Gib $A \times A$ und $B \times B$ an.
c) Vergleiche $A \times B$ mit $B \times A$.
d) Was bedeutet $A \times A \times A$?

2. Gegeben sind $A = \{2, 3, 4\}$, $B = \{0, 1\}$ mit $x \in A$ und $y \in B$. Gib die Menge C an mit $z = x^y \in C$. Stelle die Verknüpfungstafel und die Wertetafel auf. Zeichne ein Mengenbild.

3. Gegeben sind $A = \{2, 8, 12, 18, 25\}$ und $B = \{6, 10, 15, 27, 42\}$ mit $x \in A$ und $y \in B$. Stelle die Verknüpfungstafel auf
a) für den größten gemeinsamen Teiler zweier Zahlen x und y
b) für das kleinste gemeinsame Vielfache von x und y
c) für den arithmetischen Mittelwert von x und y
d) für den Maximalwert von x und y.

4. Die Menge $M = \{1, 2, 3, \ldots, 11, 12\}$ bezeichne die 12 Stunden auf dem Zifferblatt einer Uhr. Für $x \in M$ und $y \in M$ sei wie bei der Uhr $x * y$ die Zeit y Stunden nach x. Stelle die Verknüpfungstafel auf für $x * y$.

2 Aussagen

In der Mathematik und in der Logik werden Sätze der Umgangssprache nur unter bestimmten Bedingungen Aussagen genannt.

Sätze nennt man *Aussagen,* wenn sie etwas behaupten oder feststellen, das entweder wahr oder falsch ist. Ein Drittes ist nicht möglich. Einer Aussage läßt sich immer ein *Wahrheitswert* zuordnen, den wir mit L bezeichnen, wenn die Aussage wahr ist, und den wir mit 0 bezeichnen, wenn die Aussage falsch ist.

Beispiele und Gegenbeispiele für Aussagen:

Aussagen sind:	Keine Aussagen sind:
Die Isar ist ein Nebenfluß der Donau.	Mach die Tür zu.
10 ist eine Primzahl.	Wann geht die Sonne heute auf?
$6 \cdot 12 = 72$	63 ist vielleicht eine Primzahl.
Es ist falsch, daß 10 eine Primzahl ist.	Draußen ist es wärmer.

❶ Begründe, warum die rechts stehenden Sätze keine Aussagen sind. Aussagen wie „die Katze ist ein Säugetier“ und „$6 \cdot 12 = 72$“ sind Repräsentanten für „das Wahre“; dagegen sind Aussagen wie „10 ist eine Primzahl“ Repräsentanten für „das Falsche“.

Alle Aussagen lassen sich in zwei Klassen einteilen. Die eine Klasse enthält alle wahren Aussagen; jede Aussage dieser Klasse hat den Wahrheitswert L. Die andere Klasse enthält alle falschen Aussagen; jede Aussage hat hier den Wahrheitswert 0.

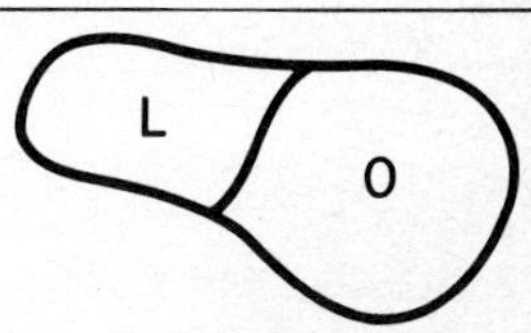

Die Wissenschaft, die sich mit solchen Aussagen beschäftigt, heißt *Aussagenlogik.*

❷ Warum sind folgende Gebilde keine Aussagen: □ ist eine natürliche Zahl; $2 + x = 3$; $|x| < 3$ für $x \in \mathbb{N}$; $\log x = 1000$ für $x \in \mathbb{N}$; alle Δ sind Säugetiere?

Aussageformen enthalten mindestens eine Variable; sie gehen in *Aussagen* über, wenn man Einsetzungen aus einer geeigneten Grundmenge in die Variablen vornimmt.

Beispiele: a) Die Zahl z ist durch 3 und 5 teilbar ($z \in \mathbb{N}$). b) $a \neq 0$ ($a \in \{0, 1\}$)

Aufgaben

1. Welche der folgenden Sätze sind Aussagen?
a) Am 24. Dezember feiert man Ostern.
b) 2 ist eine interessante Zahl.
c) Es gibt eine gerade Primzahl.
d) Gelb ist roter als blau.
e) Achtung, der Nenner ist null!
f) Wer kennt das Zeichen 5?

2. Bilde Aussageformen unter Verwendung der Aussagen von Aufgabe 1.

3 Aussagenverknüpfungen

❶ Wie unterscheiden sich folgende Aussagen von denen in den Beispielen auf S. 7?
a) Stuttgart liegt *nicht* am Rhein.
b) Euklid war ein Mathematiker, *und* auch Euler war ein Mathematiker.
c) Der Omnibus hält zum Einsteigen *oder* zum Aussteigen.
d) *Wenn* Herr Meier kommt, *dann* kommt Frau Meier.
e) *Entweder* ist das Kind ein Junge *oder* ein Mädchen.

> Zusammengesetzte Aussagen sind neue Aussagen, die dadurch entstehen, daß gegebene Aussagen durch Wörter oder durch Wortverbindungen wie „nicht", „und", „oder", „wenn, dann", „genau dann, wenn" u.a. verknüpft werden (vgl. ①).

❷ Bei den folgenden zusammengesetzten Aussagen mit „oder" stehen sich 2 Arten gegenüber. Worin besteht der Unterschied?

Es regnet oder es schneit.
Ich gehe ins Kaffee oder ins Theater.
Eine Lösung der Gleichung $x^2 - 5x + 6 = 0$ ist 2 oder 3.
Die Rechnung beträgt 12 DM oder mehr als 12 DM.

Die nächste Haltestelle ist Tübingen oder Reutlingen.
Der Februar hat 28 oder 29 Tage.
Eine natürliche Zahl ist gerade oder ungerade.
Der Stern ist ein Planet oder ein Fixstern.

❸ Drücke folgende Aussagen mit Hilfe der Bindewörter „und" bzw. „oder" aus:
Ich hasse ihn, aber ich achte ihn.
Ich besuche Dich morgen früh, vielleicht aber auch erst morgen nachmittag.
Die Zahl ist ungerade, aber sie kann auch eine Primzahl sein.

❹ Verneine: In China trägt man bei Trauerfällen weiße Kleider.

❺ Eine Mutter fragt ihren Sohn: „Hast Du Hunger oder Durst?" Er antwortet: „Ja". Warum ist sie mit der Antwort nicht zufrieden? Wie hätte sie genauer fragen müssen?

Während der Sinn einer zusammengesetzten Aussage, wie Übung ⑤ zeigt, in der Umgangssprache nicht immer eindeutig ist, werden in der „Logik" Aussagenverknüpfungen eindeutig definiert. Dabei geht man zwar von der Umgangssprache aus, wandelt diese aber notfalls ab und präzisiert sie. Um dies durchführen zu können, führen wir zunächst einige *aussagenlogische Begriffe* ein.

> Bei Aussagenverknüpfungen der Logik kommt es ausschließlich auf die Wahrheitswerte L und 0 der Teilaussagen an. Für Teilaussagen schreiben wir Buchstaben wie $a, b, c, \ldots, p, q, r$. Diese Buchstaben können als Variable für die Wahrheitswerte L, 0 aufgefaßt werden.
> Im Unterschied dazu sind p_1, q_1 Abkürzungen oder Namen für Aussagen.

Beispiel: p_1 sei Name für: „5 ist eine Primzahl". q_1 sei Name für: „5 ist eine ungerade Zahl". „p_1 UND q_1" bedeutet dann: „5 ist eine Primzahl UND eine ungerade Zahl".

❻ Warum heißt wohl „p UND q" eine aussagenlogische Aussageform? Ist p ebenfalls eine aussagenlogische Aussageform?

> Jede Verknüpfung von Aussagenvariablen heißt *aussagenlogische Aussageform.* Eine aussagenlogische Aussageform ist weder wahr noch falsch. Sie geht in eine Aussage über, wenn man für die Aussagenvariable die Wahrheitswerte L bzw. 0 einsetzt. Zu den aussagenlogischen Aussageformen zählt man auch eine Aussagenvariable selbst.
> Jeder Aussage ist ein Wahrheitswert zugeordnet; jede Aussage kann daher als Repräsentant für ihren Wahrheitswert betrachtet werden. Eine Aussagenvariable ist in diesem Sinne eine Variable, die die Werte L bzw. 0 annehmen kann.

Beispiel: Nehmen in der Aussagenverknüpfung „p UND q" die Aussagenvariablen p und q alle möglichen Wahrheitswerte an, dann ergeben sich die vier Aussagen L UND L, L UND 0, 0 UND L, 0 UND 0.

Als *Wahrheitstafel* geschrieben, erhält man:

p	q	„p UND q"
L	L	L UND L
L	0	L UND 0
0	L	0 UND L
0	0	0 UND 0

Als *Verknüpfungstafel* geschrieben, erhält man:

p \ q	L	0
L	L	0
0	0	0

Wir werden in Zukunft die erste Darstellung mit der *Wahrheitstafel* bevorzugen.

Aufgaben

1. Welche Aussagen der Beispiele auf S. 7 sind Aussagenverknüpfungen?

2. Bilde mit den Aussagen der Aufgabe 1 von S. 7 neue Aussagen durch Verneinung.

3. Bilde mit denselben Aussagen neue Aussagen durch Verknüpfung mit „und".

4. a_1 sei Name für: „13 ist ungerade".
b_1 sei Name für: „69 ist eine Primzahl".
a) Welche Aussagen gehören zu: NICHT-a_1; NICHT-b_1; a_1 UND b_1; a_1 ODER b_1?
b) Welche Wahrheitswerte haben a_1 bzw. b_1?

5. p_1 sei Name für: „Jede Primzahl hat 2 Teiler".
q_1 sei Name für: „Jede Primzahl außer 2 ist ungerade".
Welche Aussagen gehören zu: NICHT-p_1; NICHT-q_1; p_1 UND q_1; p_1 ODER q_1; ENTWEDER p_1 ODER q_1; WENN p_1, DANN q_1?

6. Warum ist die Aussagenvariable a auch eine aussagenlogische Aussageform?

7. Gegeben ist die Aussageform: „z ist Primzahl" mit $0 < z < 10$, $z \in \mathbb{N}$. Welche Aussagen entstehen? Gib den Wahrheitswert an.

8. Gegeben sei die Grundmenge $\{-2, 0, 2, 4, 6, 8\}$. Bestimme für die folgenden Aussageformen die zugehörigen Lösungen?
a) $6x + 7 < x^2 - 9$ b) $|x| + 1 > |x - 3|$ c) $|x^2 - 4| < x$

4 Die Negation

❶ Verneine die Aussage: „3 ist eine Primzahl".

❷ Verneine die Aussage: „$6 \cdot 8 - 49$ ist negativ".
Die Verneinung lautet nicht: „$6 \cdot 8 - 49$ ist positiv". Begründe dies.

❸ Verneine die Aussage: „Die Tusche ist weiß".
Die Verneinung heißt nicht: „Die Tusche ist schwarz". Begründe dies.

❹ Verneine: $4\frac{2}{3} < 4{,}67$

> Die Negation einer Aussage verändert den Wahrheitswert der Aussage:
> Aus L wird 0, aus 0 wird L.

Beispiele: a) Aussage:	$6 \cdot 8 = 48$	Wahrheitswert L
Verneinung:	Es ist falsch, daß $6 \cdot 8 = 48$ ist	Wahrheitswert 0
Kurzform der Verneinung:	$6 \cdot 8 \neq 48$	Wahrheitswert 0
b) Aussage:	Blausäure ist ein Gewürz.	Wahrheitswert 0
Verneinung:	Blausäure ist kein Gewürz.	Wahrheitswert L

Bemerkungen: 1. Die Verneinung einer Aussage wird in der Umgangssprache oft durch Angabe eines „Gegenteils" ausgedrückt. So nennt man das Gegenteil von schwarz etwa weiß, von groß etwa klein, von jung etwa alt. In der Logik muß die Negation in diesen Fällen heißen: nicht schwarz, nicht groß, nicht jung.

2. Ist eine Aussage Element der Klasse mit dem Wahrheitswert L, dann ist ihre Negation Element der Klasse mit dem Wahrheitswert 0 und umgekehrt.

3. Sprachlich kann man eine Aussage auf verschiedene Arten verneinen. Man kann z.B. immer vor die Aussage setzen: „Es ist falsch, daß ..." oder „Es ist nicht richtig, daß ..." Im allgemeinen werden aber Aussagen eleganter durch Einfügen der Wörter „nicht" oder „kein" verneint.

Die Verneinung der Aussage p schreibt man $\neg p$ (gesprochen „nicht p"). Mit Benutzung des „Junktors" $\neg$[1] kann man nun sagen:

> Die Negation wird durch die nebenstehende Wahrheitstafel definiert.

p	$\neg p$
L	0
0	L

Die Eigenschaften der Negation werden also durch die Wahrheitstafel festgelegt.

Beispiele: a) p_1: $2 \cdot 3 = 6$ [L] $\qquad \neg p_1$: $2 \cdot 3 \neq 6$ [0]
b) q_1: $4\sqrt{5} > 10$ [0] $\qquad \neg q_1$: $4\sqrt{5} \leqq 10$ [L]

1. jungere (lat.) verbinden

Aufgaben

1. s steht für

a) Oslo ist die Hauptstadt von Norwegen.

b) 25 ist keine Primzahl.

c) Es ist falsch, daß der Computer sich verrechnet hat.

d) Es ist nicht richtig, daß $8 \cdot 2^{10} > 8000$.

Bilde $\neg s$ und $\neg(\neg s)$ die „Verneinung der Verneinung".

2. Verneine:

a) 3 ist eine positive Zahl.

b) Die Sonne ist heiß.

c) Der Bischof ist katholisch.

3. Verneine:

a) z ist durch 7 und 13 teilbar.

b) $7 + 13 = 15$.

4. Zeige: $\neg(\neg p)$ hat dieselbe Wahrheitstafel wie p. Formuliere dies auch in Worten. Was bedeutet $\neg(\neg(\neg p))$?

5. Warum sagt man wohl, die mathematische Logik sei zweiwertig?

6. Untersuche, ob es sich im folgenden um „Modelle" der Zweiwertigkeit handelt:

a) Mengenlehre: Entweder gehört ein Element zu einer Menge oder es gehört nicht dazu. Ein Drittes gibt es nicht.

b) Elektrischer Strom: Schalter geschlossen; Schalter offen.

c) Verkehrsampel: Rot, gelb, grün.

d) Relais

e) Werfen eines Würfels.

f) Werfen einer Münze.

7. Verneine:

a) „Die Mathematik beschäftigt sich mit Zahlen und Figuren."

b) „Der Strauß kann nicht fliegen, aber sehr schnell rennen."

8. Warum gehört die Negation zu den „einstelligen Verknüpfungen"? Welche anderen einstelligen Verknüpfungen über der Definitionsmenge $\{0, L\}$ gibt es noch?

9. a) Gegeben ist die Aussageform $x + 4 > 12$ mit der Grundmenge $\mathbb{N}$. Bestimme die Negation der Lösungsmenge.

b) Dasselbe für die Aussageform $x^2 - 5x + 6 > 0$ mit $x \in \mathbb{N}$.

10. Verneine:

a) Kein Mensch wird 200 Jahre alt.

b) Alle Lokomotivführer sind farbentüchtig.

c) Es gibt Vögel, die nicht fliegen können.

11. Das nebenstehende Mengenbild gilt für die Aussageform $A(x)$, wenn beim Einsetzen für x aus der Grundmenge eine wahre Aussage entsteht. Wie sieht das Mengendiagramm aus, wenn beim Einsetzen für x eine falsche Aussage entsteht?

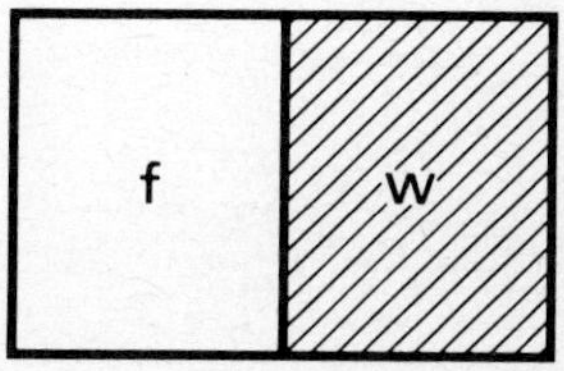

12. Bestimme die Menge, deren Elemente folgende Aussageformen nicht erfüllen:

a) $x^2 - 4x + 3 = 0$ mit $x \in \{1, 2, 3, 4, 5\}$ b) $-3 \leqq x < 5$ mit $x \in \mathbb{Z}$.

5 Die Konjunktion (UND-Verknüpfung)

❶ Gegeben sind die Aussagen „7 ist eine Primzahl“ und „3 ist ungerade“. Bestimme die Wahrheitswerte der beiden Aussagen.

❷ Welche Wahrheitswerte ordnet man wohl folgenden UND-Verknüpfungen zu?
„7 ist eine Primzahl UND 3 ist eine ungerade Zahl.“
„7 ist keine Primzahl UND 3 ist eine ungerade Zahl.“
„7 ist eine Primzahl UND 3 ist eine gerade Zahl.“
„7 ist keine Primzahl UND 3 ist eine gerade Zahl.“

❸ Aus den Tischtennisspielern **P**eter und **U**we und den Spielerinnen **D**orit und **H**eide sollen Mannschaften für das gemischte Doppel gebildet werden. Wie viele Mannschaften sind möglich? Stelle die Möglichkeiten dieser „zweistelligen Verknüpfung“ in einer Verknüpfungstafel dar und verwende dazu auch wie in den Beispielen von S. 5 die verschiedenen Darstellungen. Wie viele geordnete Paare ergeben sich?

❹ Stelle in gleicher Weise die multiplikativen Verknüpfungen der Zahlen 0 und 1 mit sich selbst dar Wie viele geordnete Paare gibt es?

❺ Stelle ebenso die UND-Verknüpfungen zweier Aussagen mit den Variablen p und q als zweistellige Verknüpfung mit den Wahrheitswerten L und 0 in einer Wahrheitstafel dar.

❻ Stelle die UND-Verknüpfungen von ① und ② in einer Wahrheitstafel dar.

Die Verknüpfung zweier Aussagen durch UND heißt *Konjunktion.* Als Zeichen für die Konjunktion verwendet man den „Junktor“ $\wedge$. Man schreibt damit die Konjunktion von Aussagen p und q in der Form $p \wedge q$.
Eine Aussage der Form $p \wedge q$ (gesprochen „p und q“) ist genau dann wahr, wenn beide Teilaussagen wahr sind.
Die Konjunktion ist eine „zweistellige Verknüpfung“, die durch die nebenstehende Verknüpfungstafel der Wahrheitswerte definiert ist.

p	q	$p \wedge q$
L	L	L
L	0	0
0	L	0
0	0	0

Bemerkung: Zeichen für die Verknüpfung von Aussagen heißen Junktoren. $\neg$ ist der Junktor der Negation, $\wedge$ der Junktor der Konjunktion.
Ausdrücke wie $p \wedge q$, $\neg q$, $(\neg p) \wedge q$ heißen aussagenlogische Terme, ebenso auch die Zeichen L, 0. Entsprechend der Festlegung in der Algebra gilt:

Aussagenlogische Terme sind die Zeichen L und 0, Aussagenvariable $p, q, \ldots$ für L, 0, oder auch Zeichenreihen, die aus den Zeichen L, 0, p, q, ... und den Junktoren wie $\neg$, $\wedge$, ... auf vorgeschriebene Weise gebildet werden.

Beispiele: $\neg p$; $(\neg p) \wedge (\neg q)$; L; $p \wedge$ L; q; $p \wedge (\neg q)$; L $\wedge$ 0.
Gegenbeispiele: Keine aussagenlogische Terme sind: $)q$; $p \wedge$; $(\wedge q$; $0 \wedge pq$; $\neg \wedge p$.

❼ Bestimme den Wahrheitswert folgender Aussagen:
a) Ein Quadrat ist ein Rechteck UND doch kein Rechteck.
b) Karl sagt die Wahrheit UND lügt.

$p \wedge (\neg p)$ ist immer falsch (*Satz vom Widerspruch*).

Aufgaben

1. Warum nennt man wohl die Konjunktion auch „logische Multiplikation"?

2. Gib die Wahrheitswerte folgender Aussagen an:
a) Der Strauß ist ein Vogel UND kann nicht fliegen.
Der Strauß ist kein Vogel UND kann fliegen.
Der Strauß ist ein Vogel UND kann fliegen.
Der Strauß ist kein Vogel UND kann nicht fliegen.
b) Kochsalz enthält Na UND Cl.
Kochsalz enthält Na UND kein Cl.
c) 7 ist Teiler von 20 UND Primzahl.
d) Eine Katze bellt UND fängt Mäuse.
Keine Katze bellt UND fängt Mäuse.

3. Bestimme die Wahrheitswerte folgender Aussagen:
a) $x-3=0$ hat die Lösungsmenge $\{3\}$ UND $x+3=0$ hat die Lösungsmenge $\{-3\}$.
b) Die elektrische Stromstärke mißt man in Ampere UND die Spannung in Ohm.
c) Geometrie ist ein Teilgebiet der Mathematik, Botanik gehört zur Biologie.
d) 21 ist eine ungerade Zahl, aber keine Primzahl.
e) Karl, Fritz, Uwe und Susanne sind Brüder.

4. Bestimme die Wahrheitswerte folgender „All-Aussagen":
a) Alle Primzahlen zwischen 3 und 12 sind ungerade. Dies ist gleichbedeutend mit der Aussage: 5 ist Primzahl UND 7 ist Primzahl UND 11 ist Primzahl.
b) Alle Quadrate sind Rechtecke.
c) Alle Vierecke sind Trapeze.
d) Alle organischen Verbindungen enthalten C als Element.
e) Alle Quadratzahlen sind gerade Zahlen.
f) Alle Primzahlen haben genau 2 Teiler.
g) Für alle $x \in \mathbb{N}$ ist $x+2>0$. (Überlege, daß hier tatsächlich eine Aussage und keine Aussageform vorliegt.)

5. Es sei p_1: „Strychnin ist giftig" und q_1: „Strychnin tötet Ratten". Schreibe folgende Aussagenverknüpfungen als aussagenlogischen Term:
a) Strychnin ist NICHT giftig.
b) Strychnin ist giftig, tötet aber keine Ratten.
c) Strychnin ist NICHT giftig UND tötet Ratten.

6. Bestimme den Wahrheitswert der Aussagen:
a) 12 ist gerade und ungerade b) $q \wedge (\neg q)$ c) $(\neg q) \wedge q$
(Setze in b) und c) für q: „CO ist ein giftiges Gas").

7. Die Aussage „2 ist Primzahl und gerade" soll verneint werden. Gib alle drei Möglichkeiten der Verneinung an.

6 Die Disjunktion (ODER-Verknüpfung)

❶ Verneine die Aussage: Salzsäure besteht aus H und Cl. Zähle alle Verneinungsmöglichkeiten auf und verwende dabei das Wort „oder".

> Eine Aussage der Form „p UND q" ist falsch, d.h. $p \wedge q$ hat den Wahrheitswert 0, wenn p den Wahrheitswert 0 *oder* wenn q den Wahrheitswert 0 hat *oder* wenn beide den Wahrheitswert 0 haben.

❷ Vergleiche das „oder" von ① mit dem „oder" folgender Aussagen:

a) Der Tisch hat 3 oder 4 Beine.
b) Karl spielt Tennis oder schaut in den Fernsehapparat.
c) 12 hat 6 oder 7 Teiler.

❸ Welches „oder" wird in folgenden Aussagen verwendet?

a) Das Fußballspiel findet am Montag oder Mittwoch statt.
b) Annette hört gern Jazz oder klassische Musik.
c) Doris schreibt uns heute einen Brief oder sie wird uns anrufen.
d) Die Zahl ist Primzahl oder hat mindestens drei Teiler.
e) Zwei Geraden in der Ebene schneiden sich oder sie sind parallel.
f) Ist $x \in (A \cup B)$ (A, B Mengen), dann ist $x \in A$ oder $x \in B$.
g) Nach der Wanderung hat Karl Hunger oder Durst.
h) Klaus ist 100-m-Läufer oder Weitspringer.

Im täglichen Sprachgebrauch wird sowohl das sogenannte „*einschließende Oder*" (das ODER-AUCH) verwendet als auch das sogenannte „*ausschließende Oder*" (das ENTWEDER ... ODER).

❹ Sortiere die Aussagen in ② und ③ nach der Bedeutung des „oder" in 2 Klassen.

Um die Mehrdeutigkeit zu verhindern, die in der Alltagssprache durch das Nebeneinander von einschließendem Oder und ausschließendem Oder besteht, wird die Oder-Verknüpfung zweier Aussagen durch eine Wahrheitstafel definiert. Die Definition erfolgt im Sinne des einschließenden Oder. Dieses Oder ist — wie schon die Übung ① bei der Verneinung einer Konjunktion zeigt — für den Aufbau der Aussagenlogik besser geeignet. Man kann dann nämlich zeigen, daß alle Aussagenverknüpfungen durch die Junktoren NICHT, UND, ODER ausgedrückt werden können.

> Die Verknüpfung zweier Aussagen durch ODER im Sinn von ODER-AUCH heißt *Disjunktion.* Als Zeichen für die Disjunktion verwendet man den Junktor $\vee$. Man schreibt $p \vee q$ (gesprochen „p oder q"). Eine Aussage der Form $p \vee q$ ist wahr, wenn mindestens eine der Teilaussagen wahr ist. Die Disjunktion ist durch die nebenstehende Verknüpfungstafel der Wahrheitswerte definiert.

p	q	$p \vee q$
L	L	L
L	0	L
0	L	L
0	0	0

Bemerkung: Die ausschließende ODER-Verknüpfung bezeichnet man als *Alternative.*

❺ Welchen Wahrheitswert haben folgende Aussagen?

a) Karl sagt die Wahrheit ODER er lügt.

b) $x^2 - 7x + 12 = 0$ hat die Lösung 3 ODER nicht 3.

c) $p \vee (\neg p)$.

$p \vee (\neg p)$ hat immer den Wahrheitswert L, da die Wahrheitswerte von p und $\neg p$ immer verschieden sind. Man nennt dieses logische Gesetz auch das „*Gesetz vom ausgeschlossenen Dritten*". Von zwei Aussagen p und $\neg p$ ist stets die eine wahr, die andere falsch, ein „Drittes" gibt es nicht.

> Aussagenlogische Terme wie $p \vee (\neg p)$, die für jede Einsetzung den Wahrheitswert L ergeben, heißen *allgemeingültige* aussagenlogische *Aussageformen* oder *Tautologien.*

Aufgaben

1. Stelle die additive Verknüpfung der Zahlen 0 und 1 mit sich selbst als zweistellige Verknüpfung dar. Vergleiche die Verknüpfungstafel mit der Definition der ODER-Verknüpfung. Warum heißt wohl die Disjunktion auch „logische Addition"?

2. Gib die Wahrheitswerte folgender Aussagen an:

a) Die Lösungen der Gleichung $x^2 + 7x = 0$ sind 0 ODER 5.

b) Der Strauß kann fliegen ODER er ist kein Vogel.

c) Der Mond ist ein Erdtrabant ODER ein Satellit.

d) Die Venus erscheint als Abendstern ODER als Fixstern.

e) 12 ist gerade ODER hat 6 Teiler.

f) 12 ist ungerade ODER hat 6 Teiler.

g) Ein Rechteck ist ein Viereck ODER ein Trapez.

h) 36 ist durch 9 ODER 8 teilbar.

3. Zeige: Der Term $a \vee \neg[\neg(\neg a)]$ ist eine Tautologie.

4. Verneine: Die Gleichung hat die Lösung 2 ODER 3.
Verdeutliche so: Eine Disjunktion wird verneint, wenn die eine *und* die andere Teilaussage verneint wird.

5. Verneine: a) Der Omnibus hält zum Einsteigen ODER zum Aussteigen.
b) 36 ist durch 6 ODER durch 9 teilbar.

6. Verneine: $3\sqrt{2} \leqq 4{,}5$ (d.h. $3\sqrt{2}$ ist kleiner als 4,5 ODER $3\sqrt{2}$ ist gleich 4,5).

7. Stelle für die Alternative: „Die Geraden g und h schneiden sich ODER schneiden sich nicht" die Wahrheitstafel auf.

8. Gegeben sind die Aussagen p_1: „Der Transistor dient als Verstärker elektrischer Schwingungen" und q_1: „Die Elektronenröhre benötigt einen Heizkreis".
Gib die folgenden Aussagen als aussagenlogische Terme an:

a) Der Transistor dient als Verstärker elektrischer Schwingungen, aber die Elektronenröhre benötigt einen Heizkreis.

b) Der Transistor dient nicht als Verstärker elektrischer Schwingungen, und die Elektronenröhre benötigt keinen Heizkreis.

c) Es ist falsch, daß der Transistor als Verstärker elektrischer Schwingungen dient, und die Elektronenröhre einen Heizkreis benötigt.

7 Subjunktion und Implikation

Subjunktion

Besonders wichtig sind die Aussagenverknüpfungen der Form „WENN p, DANN q“.

❶ Welche Bedingungen des einführenden Beispiels auf S. 4 sind „WENN-DANN“-Verknüpfungen?

❷ Bilde „WENN-DANN“-Verknüpfungen mit den folgenden Aussagen p und q:

p	q
a) Eis wird auf 10° erhitzt.	Eis schmilzt.
b) Er tritt beim Weitsprung über.	Er wird disqualifiziert.
c) Er schreibt in der Klassenarbeit ab.	Er erhält die Note 6.
d) Eis wird auf 10° erhitzt.	Eis schmilzt nicht.
e) Eis wird nicht über 0° erhitzt.	Eis schmilzt nicht.
f) Eis wird nicht über 0° erhitzt.	Eis schmilzt.
g) $4 \cdot 3 = 12$	$6 + 2 = 8$
h) $4 \cdot 3 = 12$	$6 + 2 = 9$
i) $4 \cdot 3 = 11$	$6 + 2 = 8$
k) $4 \cdot 3 = 11$	$6 + 2 = 9$

Welchen Wahrheitswert haben die verschiedenen zusammengesetzten Aussagen?

Die Schwierigkeit, die auftritt, wenn man für WENN-DANN-Verknüpfungen eine Definition sucht, wird dadurch überwunden, daß man die WENN-DANN-Verknüpfung auf die bekannten elementaren Verknüpfungen mit $\neg$, $\wedge$, $\vee$ zurückführt.

Beispiel: Beim Weitsprung sagt der Sportlehrer: „Tritt *nicht* über, *oder* du wirst disqualifiziert“. Er meint damit dasselbe wie: „*Wenn* du übertrittst, *dann* wirst du disqualifiziert“.

❸ Stelle in gleicher Weise die Verknüpfungen von ② a) und ② c) dar.

Die Aussage „WENN p, DANN q“ schreibt man als Term in der Form $p \to q$. Diese Verknüpfung scheint aufgrund des Beispiels und der Übung ③ gleichwertig der Verknüpfung „NICHT p ODER q“.

❹ Stelle für $(\neg p) \vee q$ die Verknüpfungstafel auf. Bestimme damit die Wahrheitswerte der Beispiele von ②. Welche Ergebnisse entsprechen unseren Erwartungen, und welche sind merkwürdig?

Die Verknüpfung zweier Aussagen p und q in der Form „WENN p, DANN q“ heißt *Subjunktion*, wenn sie gleichwertig der Verknüpfung $(\neg p) \vee q$ ist. Als Zeichen für die Subjunktion verwendet man den Junktor $\to$. Man schreibt $p \to q$ und spricht „wenn p, dann q“. Die Subjunktion ist durch die nebenstehende Wahrheitstafel definiert.

p	q	$p \to q$
L	L	L
L	0	0
0	L	L
0	0	L

Beispiele: a) Die Definition der Subjunktion befindet sich in Übereinstimmung mit der Umgangssprache bei der Aussage: „WENN es regnet, DANN ist die Straße naß.“ Weil die Straße auch naß sein kann, wenn es nicht regnet, ist die Aussage tatsächlich nur falsch in der Form: „WENN es regnet, DANN ist die Straße nicht naß“.

b) Ebenfalls in Übereinstimmung mit der Umgangssprache ist die Aussage: „WENN kein Rechenfehler vorliegt, DANN ist das Ergebnis richtig“. Weil sich aber z.B. zwei Rechenfehler wieder aufheben können, ist diese Aussage nur falsch in der Form: „WENN kein Rechenfehler vorliegt, DANN ist das Ergebnis falsch“.

c) Nicht in Übereinstimmung mit unserer Umgangssprache sind die Wahrheitswerte (WW) der folgenden Subjunktionen:

	p	WW		q	WW	WW für $p \to q$
WENN	DDT giftig ist	L	DANN	ist 2 eine Primzahl	L	L
	DDT nicht giftig ist	0		ist 2 eine Primzahl	L	L
	DDT nicht giftig ist	0		ist 4 eine Primzahl	0	L
	DDT giftig ist	L		ist 4 eine Primzahl	0	0
WENN	$2 \cdot 3 = 6$ ist	L	DANN	liegt Wien in USA	0	0
	$2 \cdot 3 = 5$ ist	0		liegt Wien in USA	0	L

Bemerkung: Die Beispiele zeigen: Die Definition der Subjunktion deckt sich nicht immer mit dem WENN-DANN in der Umgangssprache. So ist die Subjunktion $p \to q$ auch immer dann wahr, wenn p falsch ist. Das widerspricht weithin unserer umgangssprachlichen Gewohnheit. Es leuchtet bei gewissen Aussagen, wie in den Beispielen a) und b), gerade noch ein, daß das WENN-DANN bei falschem Vordersatz wahr sein kann. In der Aussagenlogik gilt: Bei der Subjunktion brauchen die durch das Zeichen $\to$ verbundenen Aussagen inhaltlich nichts miteinander zu tun haben. Es kommt ausschließlich auf die Wahrheitswerte der beiden Teilaussagen an (siehe die Beispiele in c)), so daß z.B. die inhaltlich sinnlose Aussage „WENN der Mond aus Zucker besteht, DANN ist Strychnin ein Brotaufstrich“ aufgrund unserer Definition eine wahre Aussage ist.

Aufgaben

1. Welche gleichwertigen Aussagen gehören zu:
   a) Du bist jetzt ruhig, oder du mußt das Zimmer verlassen.
   b) WENN du deine Aufgaben nicht machst, DANN darfst du nicht spielen.
   c) Lüge nicht, oder du wirst bestraft.
   d) WENN der Radioapparat laut ertönt, DANN stört es die Umgebung.
   e) WENN du nicht trainierst, DANN wirst du verlieren.

2. Welchen Wahrheitswert haben folgende Aussagen?
   a) WENN Stuttgart in Deutschland liegt, DANN liegt München in Bayern,
   b) WENN Stuttgart in Bayern liegt, DANN ist 6 eine Primzahl.
   c) WENN die Zahl 2 keine Primzahl ist, DANN ist 2 gerade.
   d) WENN 12 durch 4 teilbar ist, DANN ist die Erde ein Würfel.

Implikation

❺ a) Stelle die Wahrheitstafel auf für:
„WENN 2 Primzahl UND gerade ist, DANN ist 2 Primzahl oder gerade“.
b) Zeige, es ist immer wahr:
„WENN 3 und 4 Lösungen der Gleichung sind, DANN ist 3 oder 4 Lösung der Gleichung“.
c) Zeige mit Wahrheitstafeln: Es ist immer wahr: $(p \wedge q) \rightarrow (p \vee q)$.

Eine aussagenlogische Aussageform $p \rightarrow q$, die für alle möglichen Einsetzungen wahr ist, heißt *Implikation*. Als Zeichen für die Implikation verwendet man das Zeichen $\Rightarrow$. Man schreibt $p \Rightarrow q$ und spricht „aus p folgt q“.

Beispiel: Wir zeigen mit einer Wahrheitstafel, daß $p \rightarrow [q \rightarrow (p \wedge q)]$ eine Tautologie ist:

p	q	$p \wedge q$	$q \rightarrow p \wedge q$	$p \rightarrow [q \rightarrow (p \wedge q)]$
L	L	L	L	L
L	0	0	L	L
0	L	0	0	L
0	0	0	L	L

Bemerkung: Im folgenden Beispiel wollen wir verdeutlichen, daß Implikationen beim richtigen *„logischen Schließen“* auftreten (vgl. Aufg. 14).
„WENN es regnet, DANN wird die Straße naß“. „Die Straße wird aber nicht naß“. Kann man daraus schließen: „Es regnet nicht“?
Wir führen Namen ein:
„Es regnet“: p_1 „Es regnet nicht“: $\neg p_1$
„Die Straße ist naß“: q_1 „Die Straße ist nicht naß“: $\neg q_1$
Voraussetzungen (*Prämissen*) für den zu ziehenden Schluß sind die beiden Aussagen:
„WENN es regnet, DANN ist die Straße naß“: $p_1 \rightarrow q_1$ UND
„Die Straße ist NICHT naß“: $\neg q_1$
Die Prämissen lassen sich in den Term zusammenfassen: $(p_1 \rightarrow q_1) \wedge \neg q_1$.
Wenn unser Schluß: „Es regnet nicht“ richtig ist, dann muß die Subjunktion $[(p \rightarrow q) \wedge \neg q] \rightarrow (\neg p)$ allgemeingültig sein, d.h. für alle Einsetzungen in p und q wahr sein. Sie muß also eine Implikation sein. Die Wahrheitstafel bestätigt dies. Dieser Schluß ist auch ohne Wahrheitstafel einleuchtend (warum?).

p	q	$p \rightarrow q$	$\neg q$	$(p \rightarrow q) \wedge (\neg q)$	$\neg p$	$[(p \rightarrow q) \wedge \neg q] \rightarrow (\neg p)$
L	L	L	0	0	0	L
L	0	0	L	0	0	L
0	L	L	0	0	L	L
0	0	L	L	L	L	L

❻ Setze im vorausgegangenen Beispiel für p: „Der elektrische Strom fällt aus“ und für q: „Der elektrische Wecker versagt“. Welcher Schluß folgt hieraus?

❼ Welchen Wahrheitswert haben die Aussagen:
a) WENN $2 = 1$, DANN $3 = 2$ b) WENN $2 = 1$, DANN $2 = 3$
c) WENN $2 < 3$, DANN $\sqrt{10} > 4$ d) WENN $3 < 2$, DANN $\sqrt{10} < 4$

Aufgaben

3. Stelle die Wahrheitstafeln folgender Terme auf:
a) $(\neg p) \to q$ b) $(\neg p) \to p$ c) $p \to (\neg q)$ d) $(p \to q) \wedge (q \to p)$

4. Stelle die Wahrheitstafeln folgender Terme auf:
a) $p \to p$ b) $p \to (\neg p)$ c) $(p \wedge q) \to p$ d) $(p \vee q) \to (p \wedge q)$ e) $(p \wedge q) \to (p \vee q)$
f) $(p \to q) \to (p \wedge q)$ g) $(p \to q) \wedge ((\neg q) \to (\neg p))$

5. Gib die Wahrheitswerte folgender Aussagen an, wenn die Aussagen „Egon springt weiter als 5 m" und „Uwe spielt Trompete" als wahr angenommen werden.
a) WENN Egon 5 m überspringt, DANN spielt Uwe Trompete.
b) WENN Egon 5 m nicht überspringt, DANN spielt Uwe Trompete.
c) WENN Egon 5 m nicht überspringt, DANN spielt Uwe nicht Trompete.

6. a, b, c seien folgende Aussagen: a: „Wasser ist naß"; b: „Die Katze frißt Mäuse"; c: „Die Katze kann nicht schwimmen". Übertrage in die Umgangssprache:
a) $a \to c$ b) $b \to c$ c) $(a \to b) \vee (b \to c)$ d) $[(\neg a \vee b)] \wedge c$

7. Formuliere Aussagenterme zu folgenden Aussagenverknüpfungen, nachdem Elementaraussagen festgesetzt sind:
a) Wer die Umwelt verschmutzt, verstößt gegen die Gesetze.
b) Wenn die Temperatur um 0° C ist und nicht sicher ist, ob Glatteis besteht, muß der Kraftfahrer sehr vorsichtig fahren.

8. Bestimme den Wahrheitswert der Aussage:
a) WENN Stuttgart in Amerika liegt, DANN ist $2 \cdot 5 = 7$.
b) WENN 15 Primzahl ist, DANN ist 5 Teiler von 10.

9. Bestimme den Wahrheitswert folgender Terme, wenn für p der Wahrheitswert L und für q der Wahrheitswert 0 eingesetzt wird.
a) $p \to q$ b) $q \to p$ c) $(\neg p) \to q$
d) $(\neg p) \to (\neg q)$ e) $(\neg q) \to (\neg p)$ f) $(p \to q) \to (p \wedge q)$

10. Zeige, daß die folgenden Implikationen richtig sind:
a) $[(p \to q) \wedge p] \Rightarrow q$ b) $(\neg p \vee q) \wedge p \Rightarrow q$ c) $(p \to q) \wedge (q \to r) \Rightarrow (p \to r)$

11. a) Setze in Aufg. 10a) für p: „Es schneit" und für q: „Die Temperatur sinkt" und formuliere den logischen Schluß.
b) Setze in Aufg. 10c) für p: „V ist ein Quadrat", für q: „V ist ein Rechteck". für r: „V ist ein Viereck" und formuliere den logischen Schluß.

12. Überprüfe folgenden Schluß: WENN Egon die Kugel über 20 m stößt, DANN wird er zur Olympiamannschaft abgeordnet. Egon wird nicht zur Olympiamannschaft abgeordnet. Egon stößt also die Kugel nicht über 20 m.

13. Wenn der Radioapparat ertönt, ist Karl zu Hause. Wenn Karl zu Hause ist, dann ist das Zimmerfenster geöffnet. Ist es richtig zu schließen: „WENN das Zimmerfenster geöffnet ist, DANN ertönt der Radioapparat?"

14. Eine Schlußregel ist eine Anweisung, die angibt, wie man aus gegebenen wahren Aussagen eine neue wahre Aussage gewinnt.
a) Zeige: Wenn $p \to q$ wahr ist und p wahr ist, dann folgt: q ist wahr.
b) Zeige: Wenn $p \to q$ wahr ist und $\neg q$ wahr ist, dann folgt: $\neg p$ ist wahr.
c) Zeige: Wenn $(\neg q) \to (\neg p)$ wahr ist und $(\neg q) \vee r$ wahr ist, dann folgt: $p \to r$ ist wahr.

8 Bijunktion und Äquivalenz

Bijunktion

Wir wollen zeigen, daß es Subjunktionen $p \to q$ gibt, für die auch $q \to p$ wahr ist.

❶ Es sei p_1: „Die Geraden g und h in einer Ebene sind parallel"
und q_1: „Die Geraden g und h schneiden sich nicht".
Stelle die Wahrheitstafeln für $p_1 \to q_1$ und $q_1 \to p_1$ auf.

❷ Bilde mit den folgenden Aussagen p_1 und q_1 neue Aussagen der Form: $p_1 \to q_1$ und $q_1 \to p_1$ und gib den Wahrheitswert der Aussagen an:

p_1	q_1
Das Dreieck ist gleichschenklig.	Das Dreieck hat zwei gleiche Winkel.
$\triangle ABC$ ist rechtwinklig bei C.	$c^2 = a^2 + b^2$
$a \cdot b = 0$	$a = 0 \vee b = 0$
$2 + 5 = 7$	$2 \cdot 5 = 10$
$2 + 5 = 7$	$2 \cdot 5 = 11$
$2 + 5 = 8$	$2 \cdot 5 = 10$
$2 + 5 = 8$	$2 \cdot 5 = 11$

Die Verknüpfung zweier Aussagen p und q in der Form $(p \to q) \wedge (q \to p)$ heißt *Bijunktion*. Als Zeichen für die Bijunktion verwendet man den Junktor $\leftrightarrow$. Man schreibt $p \leftrightarrow q$ und spricht „p genau dann, wenn q". Die Bijunktion ist durch die nebenstehende Wahrheitstafel definiert.

p	q	$p \leftrightarrow q$
L	L	L
L	0	0
0	L	0
0	0	L

Eine Bijunktion ist also genau dann wahr, wenn beide Teilaussagen wahr oder beide Teilaussagen falsch sind; dabei spielt der Inhalt der Aussagen keine Rolle.

Beispiele:

p	WW	q	WW	$p \to q$	$q \to p$	$p \leftrightarrow q$
a) $9 + 6 = 15$	L	$17 - 7 = 10$	L	L	L	L
b) $3 \cdot 3 \cdot 3 \cdot 3 = 81$	L	$3^4 = 81$	L	L	L	L
c) $5^2 + 12^2 = 13^2$	L	$5 + 12 = 13$	0	0	L	0
d) $3 + 4 = 7$	L	$3^2 + 4^2 = 5^2$	L	L	L	L
e) $5 \cdot 8 = 50$	0	$50 : 8 = 6$	0	L	L	L

f) Ein Viereck ist genau dann eine Raute, wenn seine Diagonalen einen rechten Winkel bilden und sich halbieren.
p: „Ein Viereck ist eine Raute".
q: „Die Diagonalen des Vierecks bilden einen rechten Winkel und halbieren sich".

p	q	$p \to q$	$q \to p$	$(p \to q) \wedge (q \to p)$
L	L	L	L	L
L	0	0	L	0
0	L	L	0	0
0	0	L	L	L

Äquivalenz

❸ p_1 sei: „2 ist Primzahl“. Drücke mittels p_1 aus: „Es ist falsch, daß 2 keine Primzahl ist“. Bestimme den Wahrheitswert.

❹ Zeige: Die Bijunktion $[p \wedge (q \vee p)] \leftrightarrow p$ ergibt für alle Einsetzungen eine wahre Aussage. Es sei p: „Es regnet“, q: „Es schneit“. Deute damit die Bijunktion.

> Eine aussagenlogische Aussageform $p \leftrightarrow q$, die für alle möglichen Einsetzungen wahr ist, heißt *Äquivalenz*. Als Zeichen für die Äquivalenz verwendet man $\Leftrightarrow$. Man schreibt $p \Leftrightarrow q$ und spricht „p äquivalent q“.

Beispiele für Äquivalenzen: a) $\neg(\neg p) \Leftrightarrow p$ b) $(p \rightarrow q) \Leftrightarrow (\neg p) \vee q$ c) $[p \vee (p \wedge q)] \Leftrightarrow p$ d) $[p \wedge (p \vee q)] \Leftrightarrow p$

Nachweis für d)

p	q	$p \vee q$	$p \wedge (p \vee q)$	$[p \wedge (p \vee q)] \leftrightarrow p$
L	L	L	L	L
L	0	L	L	L
0	L	L	0	L
0	0	0	0	L

Bemerkung: 1. Terme sind nach Vorschrift gebildete Zusammenstellungen aus Zeichen der Aussagenlogik, wie z.B. L, 0, p, q, ..., $\neg$, $\wedge$, $\vee$, $\rightarrow$, ..., ( ), ...
Zwei Terme heißen *äquivalent*, wenn sie dieselbe Wahrheitstafel haben. Man spricht also auch von einer Äquivalenz $p \Leftrightarrow q$, wenn p und q statt Aussagenvariable Variable für Terme darstellen.

2. *Terme und Funktionen sind streng voneinander zu unterscheiden.* Funktionen lassen sich auf verschiedene Arten darstellen, häufig durch Verknüpfungstafeln (Wertetafeln) oder auch durch Terme. Dabei kann es für Funktionen mehrere – u. U. auch gar keine – Termdarstellungen geben. Die verwendeten Terme sind äquivalent.

Aufgaben

1. Bestimme, wie in den Beispielen zur Bijunktion, die Wahrheitswerte folgender Aussagen:
a) $17-6=11 \leftrightarrow 5+6=11$ b) $6 \cdot 12 = 72 \leftrightarrow 72:6=12$
c) $4^2=16 \leftrightarrow 2^4=16$ d) $5^2=25 \leftrightarrow 2^5=25$
e) $4(3+5)=32 \leftrightarrow 4 \cdot 3 + 4 \cdot 5 = 32$ f) $\sqrt{4}+\sqrt{9}=5 \leftrightarrow 4+9<20$
g) 5 ist genau dann Teiler von 12, wenn 9 Primzahl ist.

2. Zeige mittels Wahrheitstafeln die Gültigkeit der folgenden Äquivalenzen:
a) $[(\neg p) \vee q] \rightarrow q \Leftrightarrow p \vee q$ b) $(\neg q) \rightarrow (\neg p) \Leftrightarrow p \rightarrow q$
c) $[p \wedge (\neg q)] \rightarrow q \Leftrightarrow p \rightarrow q$ d) $(p \vee q) \rightarrow q \Leftrightarrow p \rightarrow q$
e) $(\neg p) \wedge (\neg q) \Leftrightarrow \neg(p \vee q)$ f) $(\neg p) \vee (\neg q) \Leftrightarrow \neg(p \wedge q)$

3. a) Zeige: Die aussagenlogische Aussageform $x^2-9 \geqq 0 \leftrightarrow x>2$ ist allgemeingültig über $\mathbb{N}$. Was ergibt sich über $\mathbb{Z}$?
b) Zeige für alle $x \in \mathbb{N}$: „x ist eine ungerade Zahl“ $\leftrightarrow$ „x^2 ist eine ungerade Zahl“.

9 Vermischte Aufgaben

1. Welche der folgenden Sätze sind Aussagen?
a) Es ist nicht richtig, daß 69 keine Primzahl ist.
b) Die Gans ist ein Säugetier.
c) Wenn Karl einen Stein wirft.
d) Achtung! Ruhe!
e) Alle Vögel können fliegen.
f) Es gibt mindestens einen Vogel, der nicht fliegen kann.

2. Vergleiche die folgenden zwei Sorten von Aussagen. Welcher Unterschied besteht bei der Feststellung des Wahrheitswertes?

6 hat 4 Teiler.	Die Glühlampe ist durchgebrannt.
13 ist Primzahl.	Karl trägt einen roten Pullover.
$x^2 - 4 = 0$ hat die Lösung -2.	Es sind Wolken am Himmel.
Oslo ist die Hauptstadt von Schweden.	Hans spielt in der Klassenmannschaft.
Kein Esel kann fliegen.	Diese Schallplatte ist sehr teuer.

3. Bilde die Negationen der Aussagen von Aufg. 2.

4. Bilde die Negationen folgender Aussagen:
a) Die Zitrone schmeckt sauer.
b) Die Erde bewegt sich um die Sonne.
c) Die Glühlampe ist durchgebrannt.
d) Der Schalter und die Glühlampe sind schadhaft.
e) Zwei Glühlampen sind durchgebrannt.
f) $5 < 7$
g) $4! \leqq 100$
h) Wenn es regnet, dann sind Wolken am Himmel.

5. Gegeben sind die Aussagen „Das Auto fährt", „Das Auto braucht Benzin".
a) Bilde die Negation beider Aussagen.
b) Verknüpfe je zwei der nunmehr insgesamt vier Aussagen mit UND bzw. mit ODER. Untersuche, wann die Verknüpfungen wahr und wann sie falsch sind.

6. Die Verknüpfung zweier Aussagen p und q in der Form „entweder p oder q" heißt Alternative. Man schreibt $p \triangle q$ und spricht „entweder p oder q". Stelle die Wahrheitstafel auf, mit der die Alternative definiert ist.

7. Bestimme die Wahrheitswerte folgender Alternativen:
a) Entweder ist der Strauß ein Vogel oder ein Säugetier.
b) Entweder ist die Zahl 5 Primzahl oder Teiler von 10.
c) Entweder ist die Erde ein Planet oder ein Fixstern.

8. Welche der folgenden wahren Subjunktionen sind auch wahre Bijunktionen?
a) Wenn ein Dreieck rechtwinklig ist, dann ist $c^2 = a^2 + b^2$.
b) Wenn eine Zahl $x \in \mathbb{R}^+$, dann gibt es eine Zahl $y = \lg x$ mit $y \in \mathbb{R}$.
c) Wenn $a \cdot b = 0$, dann ist $a = 0 \vee b = 0$ $(a \in \mathbb{R}, b \in \mathbb{R})$.

9. Die Verknüpfung zweier Aussagen p und q heißt Antivalenz, wenn sie die Negation der Äquivalenz ist. Stelle die Wahrheitstafel der Antivalenz auf und vergleiche mit der Verknüpfung „entweder-oder".

10. Stelle die folgenden zusammengesetzten Aussagen als Aussagenterme dar und gib die Wahrheitstafel an:
a) Wenn Nicht-a, dann b b) Wenn Nicht-b, dann a
c) Wenn Nicht-a, dann Nicht-b d) Wenn Nicht-b, dann Nicht-a.

11. Ebenso für:
a) Sowohl a als auch b beide nicht b) Sowohl a als auch Nicht-b.

12. Dasselbe für:
a) Entweder a oder Nicht-b b) Entweder Nicht-a oder b
c) Entweder Nicht-a oder Nicht-b d) Entweder a oder b oder Nicht-b.

13. Entsprechend für:
a) Wenn a, so b oder Nicht-b b) Es stimmt nicht, daß Nicht-a und Nicht-b.

14. h stehe für „Hans spielt in der Klassenmannschaft" und s für „Siegfried spielt in der Klassenmannschaft". Bilde für die folgenden Sätze die Aussagenterme und ermittle durch Wahrheitstafeln die logisch wahren Möglichkeiten.
a) Hans und Siegfried spielen in der Klassenmannschaft.
b) Weder Hans noch Siegfried spielt in der Klassenmannschaft.
c) Wenn Hans in der Klassenmannschaft spielt, dann spielt auch Siegfried mit.
d) Nur wenn Hans in der Klassenmannschaft spielt, spielt Siegfried mit.
e) Entweder spielt Hans in der Klassenmannschaft oder Siegfried.
f) Hans spielt genau dann in der Klassenmannschaft, wenn Siegfried spielt.
g) Wenn Hans nicht in der Klassenmannschaft spielt, spielt Siegfried.
h) Wenn Hans nicht in der Klassenmannschaft spielt, spielt Siegfried auch nicht.
i) Entweder spielen Hans und Siegfried beide in der Klassenmannschaft oder keiner von beiden spielt.

15. g stehe für „Die Ampel zeigt grün"; w für „Ich muß warten".
a) Bilde die Negationen.
b) Bilde Konjunktion und Disjunktion der Aussagen samt ihren Negationen.
c) Verknüpfe durch Bijunktion.
d) Ermittle die möglichen Subjunktionen für die beiden Aussagen und ihre Negationen.

16. Führe bei den folgenden Satzgebilden Buchstaben ein und bilde Aussagenterme. Gib die jeweiligen Negationen an.
a) Es wird regnen, wenn das Barometer fällt.
b) Ich werde nur dann dick, wenn ich zu viel esse.
c) Eine notwendige Bedingung dafür, daß Dreiecke kongruent sind, ist, daß sie denselben Flächeninhalt besitzen.

17. Gegeben sind die Aussagen f: „Der Film ist gut; b: „Der Besuch ist mäßig".
Formuliere Sätze für die folgenden Terme:
a) $f \wedge b$ b) $f \vee b$ c) $f \rightarrow \neg b$ d) $b \rightarrow f$
e) $(f \wedge \neg b) \vee (\neg f \wedge b)$ f) $(f \rightarrow b) \wedge (\neg b \rightarrow f)$.

18. Prüfe mit Wahrheitstafeln, welche der folgenden Aussageformen Tautologien sind:
a) $\neg (a \leftrightarrow b) \leftrightarrow (\neg a \leftrightarrow b)$ b) $(a \wedge b) \wedge \neg (\neg a \vee \neg b)$ c) $\neg (\neg a \vee b) \rightarrow a$

19. Verneine: a) $(7 + 3 = 8) \wedge 4 < 7$ b) $(3 \cdot 5 = 15) \rightarrow (8 + 4 = 10)$
c) $(4 \cdot 5 = 10) \leftrightarrow (50 : 5 = 10)$.

II Grundgesetze der Aussagenlogik und Schaltalgebra. Boolesche Algebra

10 Mengen und Mengenverknüpfungen

❶ Inwiefern ist die Mengenlehre zweiwertig (vgl. Aufg. 6 von S. 11)?

❷ Das Lämpchen einer Taschenlampe leuchtet bei „Schalter geschlossen“ auf, bei „Schalter offen“ leuchtet es nicht. Wieso kann man auch hier von Zweiwertigkeit reden?

Das Prinzip der Zweiwertigkeit von Aussagen besagt: Jede Aussage ist entweder wahr oder falsch. Dies ist eine besonders zweckmäßige Festsetzung für die Aussagenlogik, sie tritt aber auch bei Mengen und Schaltkreisen auf. Es liegt daher nahe, Mengen und später Schaltkreise mit der Aussagenlogik zu vergleichen.
Eine Definition des Mengenbegriffs durch Zurückführen auf andere Begriffe ist nicht möglich. Die Menge ist, wie die Aussage oder der Punkt, ein nicht definierbarer Grundbegriff. Wir können aber durch Umschreibung ausdrücken, wann eine Menge vorliegt.

> Eine Menge ist die Zusammenfassung von Objekten, die nach einer eindeutig feststellbaren Eigenschaft ausgewählt werden. Die Objekte heißen Elemente und müssen genau bestimmt und wohlunterschieden sein.

Die Angabe einer Menge kann auf mehrere Arten erfolgen: Durch Aufzählen der Elemente in einer *geschweiften Klammer* $\{\ldots\}$, durch Angabe der *charakteristischen Eigenschaft* ihrer Elemente in der Form $\{x \mid x \text{ ist ein } \ldots\}$ oder durch ein *Mengenbild.*

Beispiel: $A = \{1, 2, 3, 4, 6, 12\}$; $B = \{x \mid x \text{ ist Teiler der Zahl } 12\}$. B wird gelesen: „Menge aller x mit der Eigenschaft: x ist Teiler der Zahl 12“.

> Zwei Mengen A und B heißen gleich, wenn jedes Element von A auch Element von B ist und umgekehrt. Im anderen Fall bezeichnet man sie als verschieden.
> Man schreibt $A = B$ bzw. $A \neq B$.

Beispiel: $\{x \mid x \text{ ist gerade Primzahl}\} = \{2\}$.

Die Menge, die kein Element enthält, heißt *leere Menge.* Es gibt nur *eine* leere Menge. Man schreibt dafür $\{\,\}$.

Beispiele für die leere Menge sind: $\{x \mid x^2 = -1 \text{ und } x \text{ reell}\}$;
$\{x \mid x \text{ ist ein ebenes Dreieck mit Winkelsumme } 150°\}$.

> Die *Schnittmenge D* zweier Mengen A und B ist die Menge aller Elemente, die zu A und zu B gehören. Man schreibt $D = A \cap B$ und liest „A geschnitten mit B“.
> *Kurzform:* $A \cap B = \{x \mid x \in A \wedge x \in B\}$.

Beispiel: $A = \{1, 2, 3, 4, 6, 12\}$; $B = \{1, 2, 5, 10\}$; $A \cap B = \{1, 2\}$.

Die *Vereinigungsmenge* V zweier Mengen A und B ist die Menge aller Elemente, die zu A *oder* zu B *oder* zu beiden gehören.
Man schreibt: $V = A \cup B$ und liest „A vereinigt mit B".
Kurzform: $A \cup B = \{x \mid x \in A \vee x \in B\}$.

Beispiel: $A = \{x \mid x < 20$ und Primzahl$\}$
$B = \{x \mid x < 20$ und Vielfaches von $3\}$
$A \cup B = \{2, 3, 5, 6, 7, 9, 11, 12, 13, 15, 17, 18, 19\}$.

Einfache Eigenschaften von Schnittmenge und Vereinigungsmenge sind:

$A \cap A = A$; $A \cap \{\,\} = \{\,\}$; $A \cap B = B \cap A$;
$A \cup A = A$; $A \cup \{\,\} = A$; $A \cup B = B \cup A$.

Eine Menge A heißt *Teilmenge* der Menge B, wenn jedes Element von A auch Element von B ist. Man schreibt $A \subset B$ und liest: „A ist Teilmenge von B".
Kurzform: $A \subset B = \{x \mid x \in A \rightarrow x \in B$ für alle $x \in A\}$.

Beispiele: $\mathbb{N} \subset \mathbb{Q}$; $\{2, 4, 6\} \subset \{2, 4, 6\}$; $\{\,\} \subset \{0, \mathrm{L}\}$.

❸ Bestimme die Menge aller Teilmengen für eine 1, 2, ..., n-elementige Menge.

Die Menge aller Teilmengen einer Menge G heißt *Potenzmenge von G*.
Man schreibt $\mathcal{P}(G)$ und liest: „Potenzmenge von G".

Satz: Die Potenzmenge einer Menge mit n Elementen hat 2^n Elemente.

Beispiel: a) $G = \{a, b, c\}$; $\mathcal{P}(G) = \{\{\,\}, \{a\}, \{b\}, \{c\}, \{a, b\}, \{a, c\}, \{b, c\}, \{a, b, c\}\}$
b) $G = \{0, \mathrm{L}\}$; $\mathcal{P}(G) = \{\{\,\}, \{0\}, \{\mathrm{L}\}, \{0, \mathrm{L}\}\}$ c) $G = \{e\}$; $\mathcal{P}(G) = \{\{\,\}, \{e\}\}$.

❹ Bilde die Potenzmenge der Menge a) $A = \{o, s, t, e, r, n\}$ b) $B = \{k, u, b, a\}$.

Unter der *Komplementmenge* $\bar{A}$ einer Menge A bezüglich einer Grundmenge G versteht man die Menge aller Elemente der Grundmenge G, die nicht zu A gehören.
Man schreibt $\bar{A} = G \setminus A$ und liest: „*Komplement* von A bez. G. oder: G ohne A".
Kurzform: $\bar{A} = \{x \mid x \in G \wedge x \notin A\}$.

Sind A und B beliebige Mengen, dann heißt die Menge R aller Elemente, die in B aber nicht in A liegen, die *Differenzmenge* (Restmenge) von B und A.
Man schreibt: $R = B \setminus A$ und liest: „B ohne A". *Kurzform:* $B \setminus A = \{x \mid x \in B \wedge x \notin A\}$.

Beispiele: a) $\mathbb{Z} \setminus \mathbb{N}_0 = \mathbb{Z}^-$ b) $A \setminus A = \{\,\}$

❺ a) Bilde für eine beliebige Menge A die Mengen: $A \setminus A$, $A \setminus \{\}$, $\{\} \setminus A$.
b) Bestätige an Beispielen: $(A \setminus B) \setminus C = (A \setminus C) \setminus B = A \setminus (B \cup C)$.
c) Zeige: Aus $A \setminus B = A$ folgt $A \cap B = \{\}$ und umgekehrt.

Aufgaben zu Mengen und Mengenverknüpfungen

1. a) Gegeben sind die Mengen $A = \{\text{Morgenstern}\}$; $B = \{\text{Abendstern}\}$; $C = \{\text{Planet Venus}\}$. Vergleiche die Mengen.
b) Vergleiche $\{o, m, a\}$, $\{m, a, o\}$, $\{o, m, a, m, a\}$.

2. Schreibe die Menge $A = \{\lg 100, \sin 90°, \sqrt{25}, 2\}$ mit anderen Zeichen.

3. Weise nach, daß die Gleichheitsrelation für Mengen eine Äquivalenzrelation ist.

4. Grundmenge sei $G = \{1, 2, 3, 4, 5, 6, 7, 8, 9\}$. V_2 sei die Menge aller geraden Zahlen kleiner als 10; V_3 die Menge aller Vielfachen von 3 kleiner als 10; P die Menge aller Primzahlen kleiner als 10 und $T = \{1, 4, 7\}$. Bilde:
a) $V_3 \cap T$ b) $V_2 \cap P$ c) $V_2 \cap T$ d) $V_3 \cup T$ e) $V_2 \cup V_3$ f) $T \cup \{\}$ g) $\overline{T}$
h) $G \setminus V_3$ i) $V_2 \setminus T$ k) $\overline{V_2} \setminus T$ l) $\overline{P} \cap T$ m) $\mathfrak{P}(T)$ n) $\mathfrak{P}(V_3)$.
Welche der Mengen G, V_2, V_3, P, T sind elementefremd?

5. Wieviel Teilmengen mit 1, 2, 3, ..., 10 Elementen hat die Menge G von Aufg. 4? Versuche, eine allgemeine Formel für das Ergebnis herzuleiten.

6. Bilde die Schnittmengen folgender Mengen:
a) T_{18} = Menge aller Teiler von 18 — T_{24} = Menge aller Teiler von 24
b) A = Menge aller Rechtecke — B = Menge aller Rauten
c) P = Menge aller Parallelogramme — T = Menge aller Trapeze
d) D = Menge aller Drachen — P = Menge aller Parallelogramme.

7. Gib die Schnittmenge der Mengen A und B an, die aus den Gitterpunkten im Innern der folgenden Figuren gebildet werden:
a) A: Quadrat mit den Eckpunkten $P_1\,(2|2)$; $P_2\,(2|8)$; $P_3\,(8|8)$
B: Quadrat mit den Eckpunkten $Q_1\,(4|2)$; $Q_2\,(8|4)$; $Q_3\,(6|8)$
b) A: Dreieck mit den Eckpunkten $P_1\,(5|1)$; $P_2\,(1|1)$; $P_3\,(3|3)$
B: Dreieck mit den Eckpunkten $Q_1\,(1|0)$; $Q_2\,(6|4)$; $Q_3\,(1|4)$
c) A: Kreis um $M\,(2|3)$ mit Radius $r = 3$
B: Kreis um $M\,(-1|2)$ mit Radius $r = 5$.

8. Bilde für eine beliebige Menge A die Mengen $A \cap A$, $A \cup A$, $A \cap \{\}$, $A \cup \{\}$.

9. Zeige mit Hilfe von Beispielen für beliebige Mengen A, B und C:
a) $A \cap B = B \cap A$ b) $(A \cap B) \cap C = A \cap (B \cap C)$.

10. Bilde die Vereinigungsmenge für folgende Mengen:
a) A = Menge aller Parallelogramme — B = Menge aller Trapeze
b) A = Menge der Teiler von 20 — B = Menge der Teiler von 35
c) Die Mengen der Aufg. 4.

11. Zeige mit Hilfe von Beispielen, daß für die beliebigen Mengen A, B und C gilt:
a) $A \cup B = B \cup A$ b) $(A \cup B) \cup C = A \cup (B \cup C)$.

12. Bilde die Menge $A \setminus B$ für:
a) $A = \{3, 5, 7, 9, 11\}$ — $B = \{5, 9\}$
b) $A = \{s, t, e, r, n\}$ — $B = \{r, e, s, t\}$
c) A = Menge aller Trapeze — B = Menge aller Parallelogramme
d) A = Menge aller Rechtecke — B = Menge aller Rauten.

13. Bilde die Menge
a) aller Zahlen, die Teiler von 15, aber nicht von 12 sind.
b) aller geraden Zahlen unter 30, die keine Quadratzahlen sind.

11 Mengenalgebra und Aussagenalgebra

❶ Welche Mengenverknüpfungen haben wir kennengelernt? Gib Beispiele an.

Unter Mengenalgebra versteht man das „Rechnen“ mit Mengen, d. h. das Verknüpfen von Mengen durch $\cap$, $\cup$, $\setminus$ und die Bildung des Komplements einer Menge.

Von Wichtigkeit sind dabei die Gesetze dieses „Rechnens“. Das sind allgemeingültige Sätze, wie z. B. $A \cap B = B \cap A$ oder $A \cup B = B \cup A$ und andere, die wir im folgenden zusammenstellen und beweisen wollen.

Die Gesetze der Mengenalgebra lassen sich durch Zurückgehen auf die zugehörigen Definitionen beweisen. Solche Beweise lassen sich aber leichter übersehen und durchführen, wenn man sie in Tabellenform schematisiert. Das geeignete Hilfsmittel dazu sind *Zugehörigkeitstafeln.* Die Beweistechnik mit Zugehörigkeitstafeln verwendet folgende Überlegung: Sind A und B zwei gegebene Mengen in einer geeignet gewählten Grundmenge G, dann liegt für jedes $x \in G$ einer der folgenden vier Fälle vor:

$x \in A \wedge x \in B$
$x \in A \wedge x \notin B$
$x \notin A \wedge x \in B$
$x \notin A \wedge x \notin B$

Abgekürzt stellen wir dies mit den Zeichen $\in$ und $\notin$ dar. Dabei bedeutet $\in$: „... gehört zur Menge“ und $\notin$: „... gehört nicht zur Menge“.

A	B
$\in$	$\in$
$\in$	$\notin$
$\notin$	$\in$
$\notin$	$\notin$

Mit Zugehörigkeitstafeln kann man die Gleichheit von Mengen prüfen.

Zwei Mengen sind gleich, wenn sie die gleiche Zugehörigkeitstafel haben.

Beispiele:

a) Für beliebige Mengen A und B gelten die Gesetze: $A \cap B = B \cap A$ und $A \cup B = B \cup A$. Die nebenstehende Zugehörigkeitstafel zeigt, daß für ein beliebiges Element x die Zugehörigkeit zu $A \cap B$ und $B \cap A$ bzw. $A \cup B$ und $B \cup A$ durch die gleichen Spalten gekennzeichnet ist.

A	B	$A \cap B$	$A \cup B$	$B \cap A$	$B \cup A$
$\in$	$\in$	$\in$	$\in$	$\in$	$\in$
$\in$	$\notin$	$\notin$	$\in$	$\notin$	$\in$
$\notin$	$\in$	$\notin$	$\in$	$\notin$	$\in$
$\notin$	$\notin$	$\notin$	$\notin$	$\notin$	$\notin$

b) Für beliebige Mengen A und B gelten die Gesetze $\overline{A \cap B} = \bar{A} \cup \bar{B}$ und $\overline{A \cup B} = \bar{A} \cap \bar{B}$. Diese beiden wichtigen „Verneinungssätze“ heißen die *Gesetze von de Morgan.* Die folgende Zugehörigkeitstafel zeigt die Gleichheit.

A	B	$\bar{A}$	$\bar{B}$	$A \cap B$	$A \cup B$	$\overline{A \cap B}$	$\bar{A} \cup \bar{B}$	$\overline{A \cup B}$	$\bar{A} \cap \bar{B}$
$\in$	$\in$	$\notin$	$\notin$	$\in$	$\in$	$\notin$	$\notin$	$\notin$	$\notin$
$\in$	$\notin$	$\notin$	$\in$	$\notin$	$\in$	$\in$	$\in$	$\notin$	$\notin$
$\notin$	$\in$	$\in$	$\notin$	$\notin$	$\in$	$\in$	$\in$	$\notin$	$\notin$
$\notin$	$\notin$	$\in$	$\in$	$\notin$	$\notin$	$\in$	$\in$	$\in$	$\in$

❷ Beweise die folgenden Gesetze (2) bis (10) mit Hilfe von Zugehörigkeitstafeln.

(1)	$A \cap B = B \cap A$	Kommutativgesetze	$A \cup B = B \cup A$
(2)	$(A \cap B) \cap C = A \cap (B \cap C)$	Assoziativgesetze	$(A \cup B) \cup C = A \cup (B \cup C)$
(3)	$A \cap (A \cup B) = A$	Absorptionsgesetze	$A \cup (A \cap B) = A$
(4)	$A \cap (B \cup C) = (A \cap B) \cup (A \cap C)$	Distributivgesetze	$A \cup (B \cap C) = (A \cup B) \cap (A \cup C)$
(5)	$A \cap \bar{A} = \{\ \}$	Komplement	$A \cup \bar{A} = G$
(6)	$A \cap G = A$	Existenz der Neutral-	$A \cup \{\ \} = A$
(7)	$A \cap \{\ \} = \{\ \}$	elemente G und $\{\ \}$	$A \cup G = G$
(8)	$\overline{\{\ \}} = G$		$\bar{G} = \{\ \}$
(9)	$A \cap A = A$	Idempotenzgesetze	$A \cup A = A$
(10)	$\bar{\bar{A}} = A$	Doppeltes Komplement	
(11)	$\overline{A \cap B} = \bar{A} \cup \bar{B}$	De Morgan Gesetze	$\overline{A \cup B} = \bar{A} \cap \bar{B}$

Aussagenlogische Terme, die für *jede* Einsetzung den Wahrheitswert L ergeben, heißen Tautologien oder auch *Gesetze der Aussagenlogik*.

Beispiele: $p \wedge q \Leftrightarrow q \wedge p$; $(p \rightarrow q) \Leftrightarrow (\neg p) \vee q$

❸ Den obigen Gesetzen (1) bis (11) der Mengenalgebra entsprechen die folgenden Gesetze (1) bis (11) der Aussagenlogik. Beweise diese Gesetze!

(1)	$a \wedge b \Leftrightarrow b \wedge a$	$a \vee b \Leftrightarrow b \vee a$
(2)	$(a \wedge b) \wedge c \Leftrightarrow a \wedge (b \wedge c)$	$(a \vee b) \vee c \Leftrightarrow a \vee (b \vee c)$
(3)	$a \wedge (a \vee b) \Leftrightarrow a$	$a \vee (a \wedge b) \Leftrightarrow a$
(4)	$a \wedge (b \vee c) \Leftrightarrow (a \wedge b) \vee (a \wedge c)$	$a \vee (b \wedge c) \Leftrightarrow (a \vee b) \wedge (a \vee c)$
(5)	$a \wedge \neg a \Leftrightarrow 0$	$a \vee \neg a \Leftrightarrow \mathrm{L}$
(6)	$a \wedge \mathrm{L} \Leftrightarrow a$	$a \vee 0 \Leftrightarrow a$
(7)	$a \wedge 0 \Leftrightarrow 0$	$a \vee \mathrm{L} \Leftrightarrow \mathrm{L}$
(8)	$\neg 0 \Leftrightarrow \mathrm{L}$	$\neg \mathrm{L} \Leftrightarrow 0$
(9)	$a \wedge a \Leftrightarrow a$	$a \vee a \Leftrightarrow a$
(10)	$\neg(\neg a) \Leftrightarrow a$	
(11)	$\neg(a \wedge b) \Leftrightarrow (\neg a) \vee (\neg b)$	$\neg(a \vee b) \Leftrightarrow (\neg a) \wedge (\neg b)$

Beweisbeispiel für Gesetz (4):

a	b	c	$b \vee c$	$a \wedge b$	$a \wedge c$	$a \wedge (b \vee c)$	$(a \wedge b) \vee (a \wedge c)$	$a \wedge (b \vee c) \leftrightarrow (a \wedge b) \vee (a \wedge c)$
L	L	L	L	L	L	L	L	L
L	L	0	L	L	0	L	L	L
L	0	L	L	0	L	L	L	L
L	0	0	0	0	0	0	0	L
0	L	L	L	0	0	0	0	L
0	L	0	L	0	0	0	0	L
0	0	L	L	0	0	0	0	L
0	0	0	0	0	0	0	0	L

Man erhält aus einem Gesetz der Mengenalgebra ein aussagenlogisches Gesetz und umgekehrt, wenn man die Zeichen der Mengenlehre durch die analogen Zeichen der Aussagenlogik nach folgender Tabelle ersetzt:

Mengensymbole	A, B, C	$=$	$\cap$	$\cup$	$\bar{A}$	$\{\ \}$	G
Aussagenlogische Symbole	a, b, c	$\Leftrightarrow$	$\wedge$	$\vee$	$\neg a$	0	L

❹ Auf welche Weise entstehen auf S. 28 die in der rechten Spalte stehenden Mengengesetze aus denen der linken Spalte?
Wie ist es bei den Aussagengesetzen (1) bis (11) von S. 28?

In der Mengenalgebra und Aussagenlogik gilt das *Dualitätsprinzip*: Ersetzt man in einem Mengengesetz die Verknüpfung $\cap$ durch $\cup$ und umgekehrt, sowie $\{\ \}$ durch G und umgekehrt, so ergibt sich wieder ein Gesetz der Mengenalgebra.
Gleiches gilt in der Aussagenlogik für $\wedge$ und $\vee$ sowie für 0 und L.

Aufgaben

1. Es sei $G = \{1, 2, \ldots, 11, 12\}$. Mit G als Grundmenge seien definiert:
$A =$ Menge aller Teiler von 12, $B =$ Menge aller Primzahlen, $C =$ Menge aller ungeraden Zahlen. Zeige:
a) $A \cup \bar{A} = G$ b) $B \cap \bar{B} = \{\ \}$ c) $C \cup \bar{C} = G$
d) $A \cup (A \cap B) = A$ e) $A \cup (B \cap C) = (A \cup B) \cap (A \cup C)$.

2. Mache dasselbe wie in Aufg. 1 für
$G = \{1, 2, 3, \ldots, 20\}$, $A = \{1, 2, \ldots, 10\}$, $B = \{2, 4, 6, \ldots, 18, 20\}$, $C = \{3, 7, 13, 16, 19\}$.

3. Veranschauliche folgende Beziehungen durch Mengenbilder:
a) $(A \cap B) \cap C = A \cap (B \cap C)$ b) $A \cup \bar{A} = G$ c) $G \setminus A = \bar{A}$ d) $\overline{A \cup B} = \bar{A} \cap \bar{B}$.

4. Ersetze folgende Mengenterme durch entsprechende aussagenlogische Terme:
a) $A \cup (A \cap B)$ b) $A \cap (A \cup B)$ c) $A \cup G$ d) $A \cap \{\ \}$ e) $\bar{A} \cup B$
f) $(\bar{A} \cup B) \cap (A \cup \bar{B})$ g) $(A \cap B) \setminus (A \cap B)$.

5. Ersetze folgende Aussagenterme durch entsprechende Mengenterme:
a) $a \wedge (\neg a)$ b) $a \wedge (b \vee a)$ c) $\neg((\neg a) \vee b)$ d) $a \rightarrow b$.

6. Führe folgende Aussagenterme in entsprechende Mengenterme über:
a) Entweder a oder b b) Entweder a und b oder beide nicht c) Wenn a dann b
d) Sowohl a als auch b e) a genau dann wenn b

7. Bei einer Abiturklasse werden für die Berufsberatung folgende Feststellungen getroffen:
a) Alle Schüler mit Physik als Wahlfach nehmen auch am Chemieunterricht teil.
b) Alle Schüler, die das Fach Mathematik nicht gewählt haben, nehmen auch an Physik nicht teil.
c) Kein Schüler hat Biologie und Physik zugleich gewählt.
d) Am Mathematikunterricht nimmt kein einziges Mädchen teil.
e) In Biologie ist niemand, der nicht zugleich auch Chemie gewählt hat.
Frage: Welche weiteren Fächer besucht ein Schüler, der Physik (Chemie) gewählt hat? Gibt es darunter auch Mädchen?

12 Schaltalgebra. Schalterverknüpfungen

❶ Bei welcher der nebenstehenden Schaltungen leuchtet die Glühlampe G auf? Welche Schalterstellungen muß man unterscheiden?

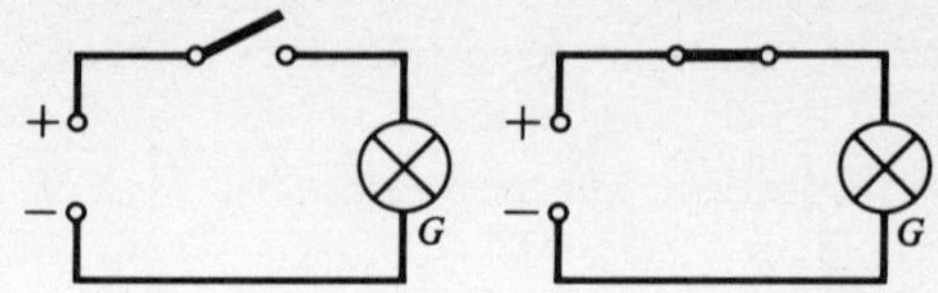

Wir kommen zu einer Analogie mit der Aussagenlogik, wenn wir Schalter als *Denkobjekte* ansehen, die genau zwei verschiedene Zustände annehmen können: „*Schalter offen*" bzw. „*Schalter geschlossen*". Dem Schalterzustand „offen" ordnen wir die Zahl 0, dem Schalterzustand „geschlossen" die Zahl 1 zu. Diese Zahlen heißen *Leitwerte* eines Schalters.

Der Leitwert unserer gedachten Schalter drückt also nur aus, ob Strom fließen kann (Leitwert 1) oder ob kein Strom fließen kann (Leitwert 0). Der Schalterleitwert hat mit dem Leitwert der Physik, dem Kehrwert des Widerstandes, nichts zu tun.
Es gibt mehrere technische Realisierungen solcher Schalter, etwa die einfachen Handschalter (Dreh-, Kippschalter) oder magnetische Schalter (Relais). Andere Möglichkeiten bieten Elektronenröhren oder vor allem Halbleiterbauelemente wie Transistoren.

Schalter in diesem Sinn lassen sich – wie Aussagen – in zwei Klassen einteilen: Schalter mit dem Leitwert 1 und Schalter mit dem Leitwert 0.

Die Gleichartigkeit von Aussagen und Schaltern wird durch folgende Gegenüberstellung deutlich:

Aussagen	Aussagenvariable a, b, p, q	wahr	falsch	Grundmenge $\{L, 0\}$
Schalter	Schaltervariable s_1, s_2	geschlossen	offen	Grundmenge $\{1, 0\}$

Reihenschaltung. Parallelschaltung

❷ Wie sind zwei Schalter s_1 und s_2 in einem Stromkreis mit Lampe zu schalten, damit diese Lampe leuchtet:
a) beim Zustand „s_1 geschlossen UND s_2 geschlossen"
b) beim Zustand „s_1 geschlossen ODER s_2 geschlossen"?

Wichtige Grundschaltungen zweier Schalter s_1 und s_2 sind die *Reihenschaltung* und die *Parallelschaltung*.
Jede Verknüpfung von Schaltern kann wieder als Schalter mit einem Leitwert aus der Menge $\{0, 1\}$ gedeutet werden. Zwei Schalter s_1 und s_2, ob Einzelschalter oder Schalterverknüpfung, heißen gleichwertig, wenn sie denselben Leitwert haben. Man schreibt dann kurz: $s_1 = s_2$.

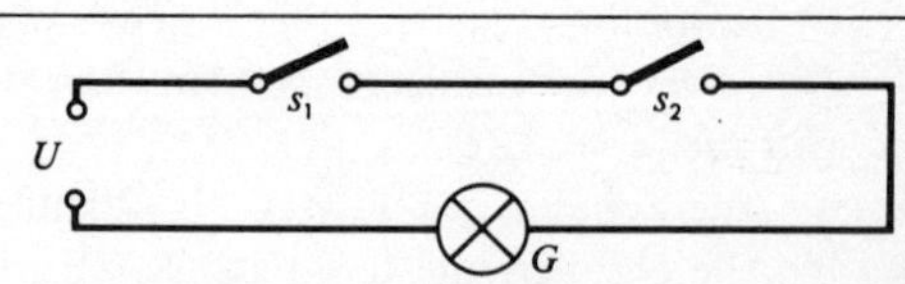

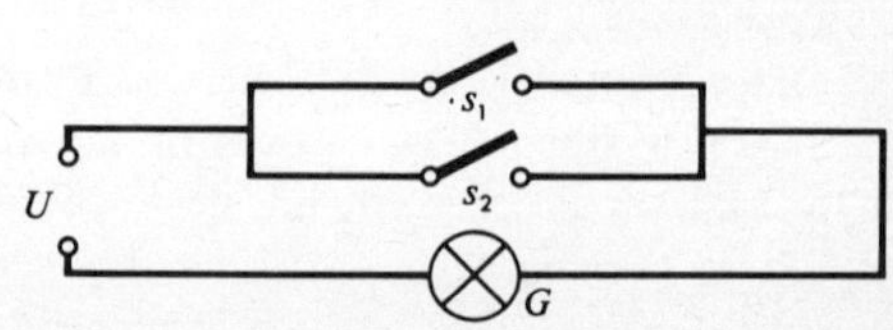

❸ a) Welche Leitwerte müssen die Schalter s_1 und s_2 der Reihenschaltung einzeln haben, damit die Schalterverknüpfung s_3 den Leitwert 1 hat?
b) Welchen Leitwert müssen die Schalter s_1 und s_2 der Parallelschaltung einzeln haben, damit die Schalterverknüpfung s_4 den Leitwert 1 hat?

Bilden zwei Schalter s_1 und s_2 durch Reihenschaltung den Schalter s_3, dann schreiben wir $s_3 = s_1 \sqcap s_2$; bilden zwei Schalter s_1 und s_2 durch Parallelschaltung den Schalter s_4, dann schreiben wir $s_4 = s_1 \sqcup s_2$.

❹ Welche Symbole der Aussagen- bzw. Schalterverknüpfungen entsprechen einander?

Dem Schalterpaar (s_1, s_2) wird durch die Verknüpfungen $\sqcap$ bzw. $\sqcup$ ein Schalter zugeordnet, dessen Leitwerte durch folgende Tafeln definiert werden:

Reihenschaltung

s_1	s_2	$s_1 \sqcap s_2$
1	1	1
1	0	0
0	1	0
0	0	0

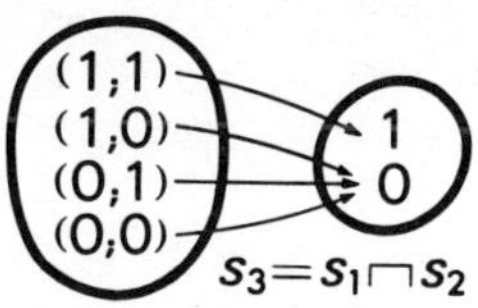

Parallelschaltung

s_1	s_2	$s_1 \sqcup s_2$
1	1	1
1	0	1
0	1	1
0	0	0

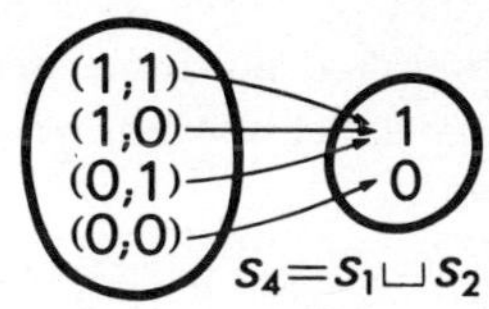

Schaltung mit Relais. Negation

Die bisher betrachteten Schalter sind *Denkobjekte*, die sich ähnlich wie Aussagen zu neuen Schaltern verknüpfen lassen. Von den möglichen *technischen* Verwirklichungen solcher Schalter wollen wir den magnetischen Schalter näher betrachten. Die magnetischen Schalter nennt man auch *Relais*. Diese Relais wollen wir zur Nachprüfung der Leitwerttafeln verwenden. Der Vorteil der Relaisschalter im Gegensatz zu den Handschaltern liegt darin, daß die einzelnen Leitwerte s_1, s_2, wie auch der Leitwert s_3 bzw. s_4 der Schalterverknüpfung, durch Glühlampen angezeigt werden. Bei einem Relais bedient ein Elektromagnet die Schaltlamelle. Die Glühlampe G_1 (G_2) zeigt den Leitwert an, den der Schalter im Steuerkreis (im zu untersuchenden Schaltkreis) hat.

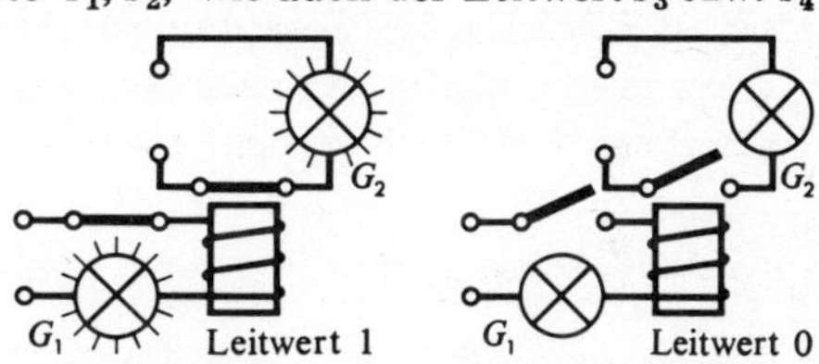

❺ Wie muß man ein Relais schalten, damit die Lampe G_2 im Schaltkreis gerade dann aufleuchtet, wenn G_1 nicht leuchtet oder umgekehrt.

Die nebenstehende sogenannte „*Komplementärschaltung*" bewirkt zum Leitwert s im Steuerkreis immer den entgegengesetzten Leitwert $\bar{s}$ im Schaltkreis. Zur Leitwertvariablen s gehört also die komplementäre Leitwertvariable $\bar{s}$.

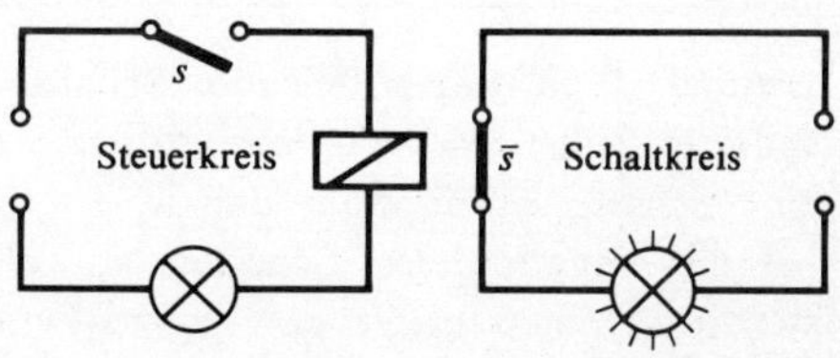

Die Negation eines Schalters wird durch die nebenstehende Leitwert-Wertefafel (kurz: Leitwerttafel) definiert.

s	$\bar{s}$
0	1
1	0

Für die *Reihenschaltung* und *Parallelschaltung* ergibt sich folgende technische Darstellung der Schalterverknüpfungen mit Hilfe von Relais:

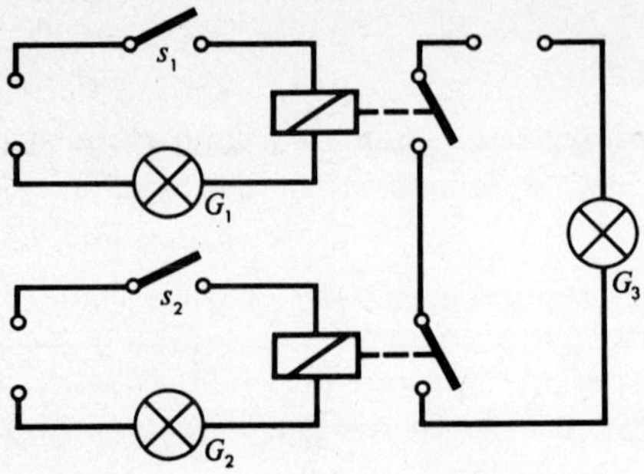

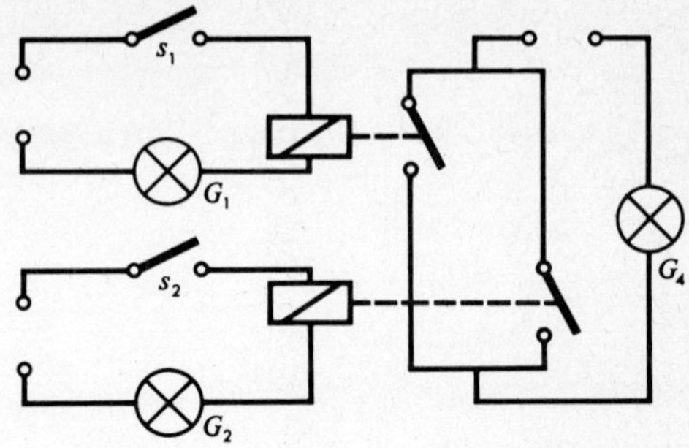

G_1 und G_2 liegen im Steuerkreis und zeigen den Zustand von s_1 bzw. s_2 an. G_3 liegt im Schaltkreis der Reihenschaltung und zeigt den Zustand $s_1 \sqcap s_2$ an. Die Anzeigelampe G_3 leuchtet nur auf, wenn bei der Reihenschaltung beide Schalter s_1 und s_2 geschlossen sind.

❻ Wann leuchtet G_4 in der Parallelschaltung auf?

Beide Versuche mit Relaisschaltern bringen die Bestätigung unserer Leitwerttafeln.

Schaltalgebra und Aussagenlogik

❼ Vergleiche die Leitwerttafeln für Reihenschaltung, Parallelschaltung und Komplementschaltung mit den Wahrheitstafeln der Konjunktion, Disjunktion und Negation (vgl. S. 10, 12, 14).

Man erhält eine Leitwerttafel aus einer Wahrheitstafel und umgekehrt, wenn man die Zeichen bei Schalterverknüpfungen durch die entsprechenden Zeichen bei Aussagenverknüpfungen nach folgender Tabelle ersetzt (dabei bezeichnet man das „Rechnen“ entsprechend den Verknüpfungstafeln mit „Aussagenalgebra“ und „Schaltalgebra“):

Schaltalgebra	s_1	s_2	$\sqcap$	$\sqcup$	$\bar{s}$	1	0
Aussagenalgebra	a	b	$\wedge$	$\vee$	$\neg a$	L	0

Schalter sind Repräsentanten für *Leitwerte*, so wie *Aussagen* Repräsentanten für *Wahrheitswerte* sind.

Beispiel: Die nebenstehende Schaltung stellt in einer übersichtlichen Kurzform eine Schalterverknüpfung dar. $\bar{s}_1$ ist dabei die Negation des Schalters s_1. Wir stellen für den Schalter $s_3 = (s_1 \sqcup \bar{s}_1) \sqcap s_2$ die Leitwerttafel auf und betrachten außerdem den entsprechenden Aussagenterm, den wir nach den Gesetzen der Aussagenlogik umformen.

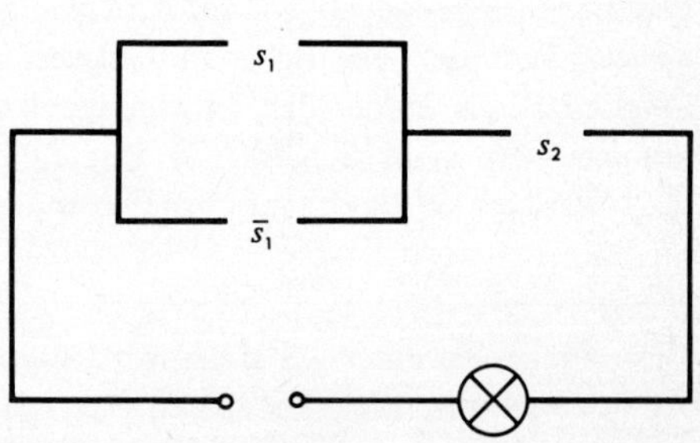

Leitwerttafel:

s_1	$\bar{s}_1$	s_2	$s_1 \sqcup \bar{s}_1$	$s_3 = (s_1 \sqcup \bar{s}_1) \sqcap s_2$
1	0	1	1	1
1	0	0	1	0
0	1	1	1	1
0	1	0	1	0

Es ist somit $s_3 = s_2$, d.h. der Schalter s_3 läßt sich kürzer mit allen seinen Eigenschaften durch s_2 realisieren.

Der entsprechende Aussagenterm ist $[a \vee (\neg a)] \wedge b$. Umformungen ergeben: $[a \vee (\neg a) \wedge b] \Leftrightarrow \mathrm{L} \wedge b$ (nach Gesetz (5)) $\Leftrightarrow b$ (nach den Ges. (6) u. (1)). Der Aussagenterm hat also den gleichen Wahrheitswert wie die Aussage b. Es besteht somit Übereinstimmung mit der Schalterverknüpfung links.

Hätte man den Schalterterm $(s_1 \sqcup \bar{s}_1) \sqcap s_2$ nach den Gesetzen der Aussagenlogik umgeformt, hätte man auch das dem Ergebnis in der Verknüpfungstafel entsprechende Ergebnis $s_3 = s_2$ erhalten. Die Gesetze der Schaltalgebra (Leitwertalgebra) entsprechen den Gesetzen der Aussagenalgebra (Wahrheitswertalgebra).

Die hier beschriebene Gleichartigkeit von Schaltalgebra und Aussagenalgebra ermöglicht einen wechselseitigen *Austausch der Methoden.* Wahrheitswerte von Aussagentermen lassen sich als Leitwerte analoger Schaltungen ermitteln. Aber auch Schaltungen lassen sich vereinfachen, wenn man die Gesetze der Schaltalgebra auf Schalterverknüpfungen anwendet.

❽ Eine Schaltung ist durch die nebenstehende Darstellung gegeben. Gib für die Schalterverknüpfung einen Term an mit den Variablen s_1 und s_2.

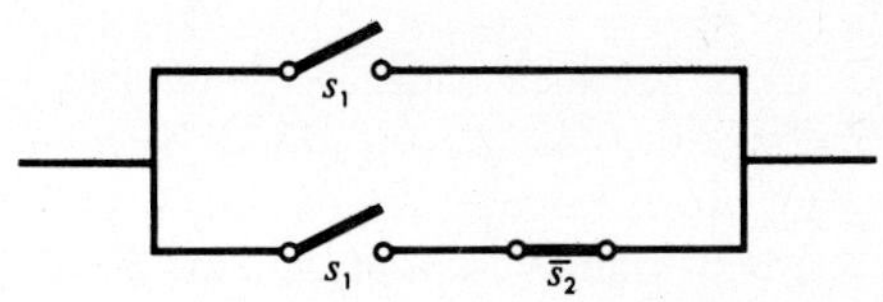

Bei der Darstellung von Schalterverknüpfungen durch Schaltungen läßt man in der Schaltung die Spannungsquelle und die Anzeigeglühlampe weg. Man schreibt die Leitwertvariablen an die Schalter und drückt das Komplement durch einen darübergesetzten Querstrich aus.
Die Unterscheidung der Schaltersymbole —⁄— und —–— ist dadurch gar nicht unbedingt nötig. Sie erleichtert nur die Übersicht.

Beispiele:

a)

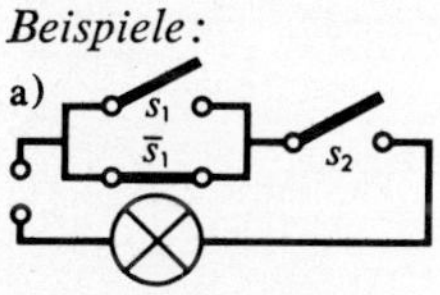

vereinfacht sich zu:

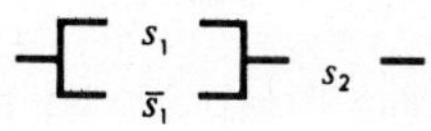

b)

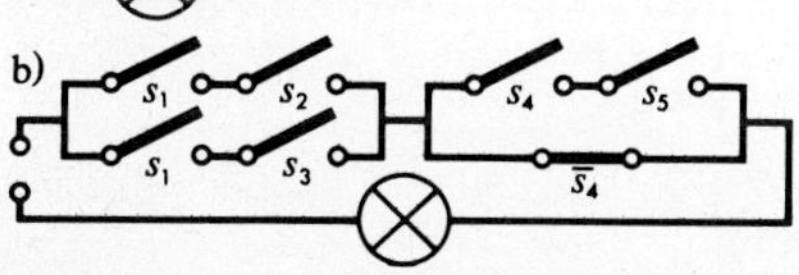

vereinfacht sich zu:

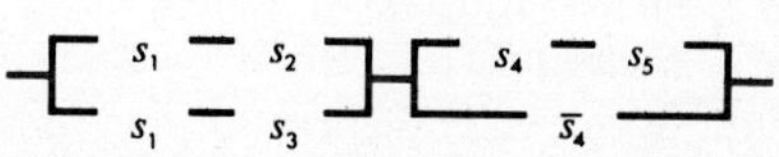

❾ Gib zu den folgenden Schaltungen die Leitwerttafeln an:

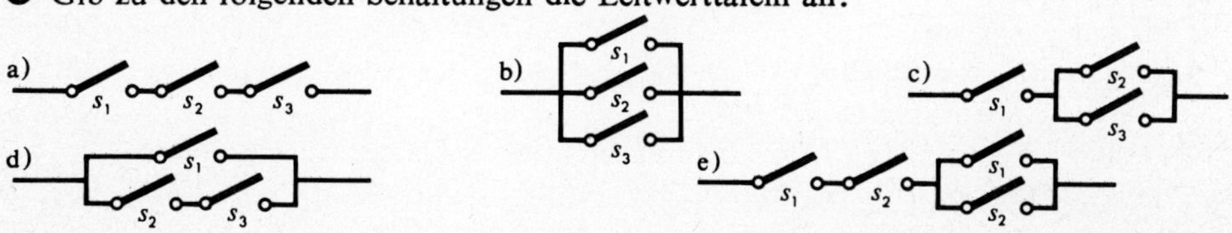

Aufgaben

1. Gib zu den folgenden Schaltungen die Leitwerttafeln an:

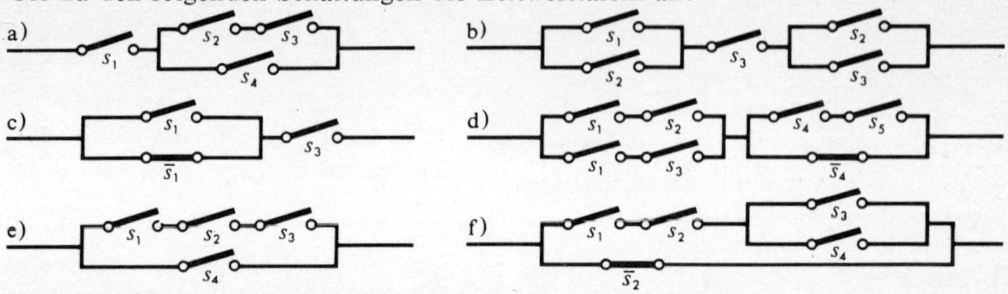

2. Zwei Schalter s_1 und s_2 sind auf drei verschiedene Arten verknüpft. Die Verknüpfungen sind in der nebenstehenden Tafel durch die Zeichen ∘, *, ⊕ dargestellt. Gib zu jeder Verknüpfung eine Schaltung an.

s_1	s_2	∘	*	⊕
0	0	1	0	0
0	1	1	0	1
1	0	1	0	0
1	1	1	0	1

3. In der nebenstehenden Wertetafel sind die Leitwerte s_1, s_2, s_3 dreier Schalter auf drei Arten ∘, *, ⊕ verknüpft. Gib zu jeder Verknüpfung eine Schaltung an.

s_1	s_2	s_3	∘	*	⊕
0	0	0	0	0	1
0	0	1	0	1	1
0	1	0	1	0	1
0	1	1	1	1	0
1	0	0	0	0	0
1	0	1	0	1	0
1	1	0	1	0	1
1	1	1	1	1	1

4. Vergleiche die Leitwerttafeln folgender zwei Schaltungen:

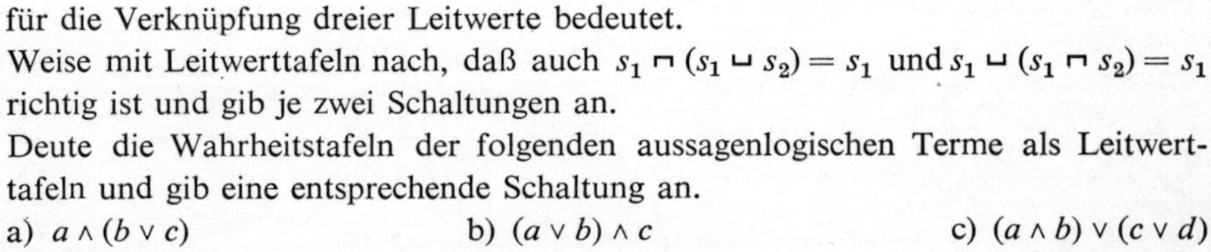

5. Zeige, daß das Ergebnis von Aufg. 4 die Gültigkeit zweier „Distributivgesetze" für die Verknüpfung dreier Leitwerte bedeutet.

6. Weise mit Leitwerttafeln nach, daß auch $s_1 \sqcap (s_1 \sqcup s_2) = s_1$ und $s_1 \sqcup (s_1 \sqcap s_2) = s_1$ richtig ist und gib je zwei Schaltungen an.

7. Deute die Wahrheitstafeln der folgenden aussagenlogischen Terme als Leitwerttafeln und gib eine entsprechende Schaltung an.

a) $a \wedge (b \vee c)$ b) $(a \vee b) \wedge c$ c) $(a \wedge b) \vee (c \vee d)$

d) $(a \vee b) \wedge (c \vee d)$ e) $(a \vee b) \wedge (a \vee c)$ f) $(a \vee a) \wedge (b \vee c)$

8. Prüfe mit Leitwerttafeln, ob sich die 11 Gesetze der Aussagenlogik von S. 28 auf Leitwerte übertragen lassen.
Welche „Leitwertterme" muß man dabei an die Stelle der Aussagenterme L bzw. 0 setzen?

13 Isomorphie

❶ Bei der Anzeige an einer Zapfsäule lassen sich die angezeigten Literzahlen und die DM-Zahlen wechselseitig, man sagt *eineindeutig* oder *bijektiv*, zuordnen. Zeichne für ein selbstgewähltes Beispiel das Mengenzuordnungsbild.

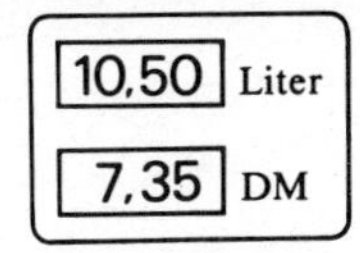

Wird jedem Element x aus einer Menge A genau ein Element $f(x)$ aus einer Menge B zugeordnet, dann ist durch A, B und diese Zuordnung eine Abbildung f gegeben.
Eine Abbildung f einer Menge A auf die Menge B heißt *bijektiv*, wenn zu verschiedenen Elementen x von A auch verschiedene Bilder $f(x)$ aus B gehören und alle Elemente der Menge B Bilder sind.

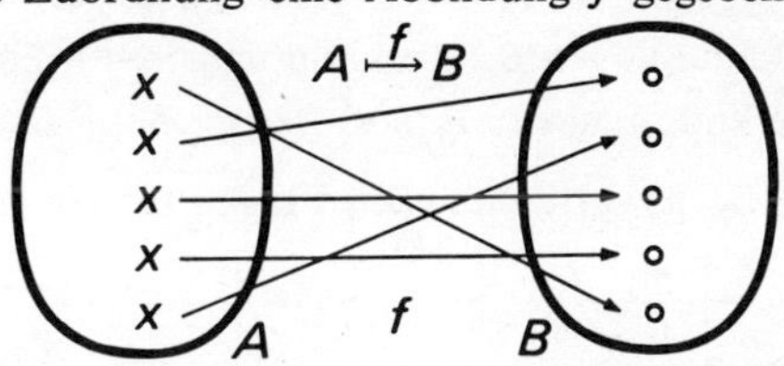

Beispiele: a) Bildet man die Menge {Kopf, Wappen} bijektiv auf die Menge {0, 1} ab, so ergeben sich 2 Möglichkeiten.

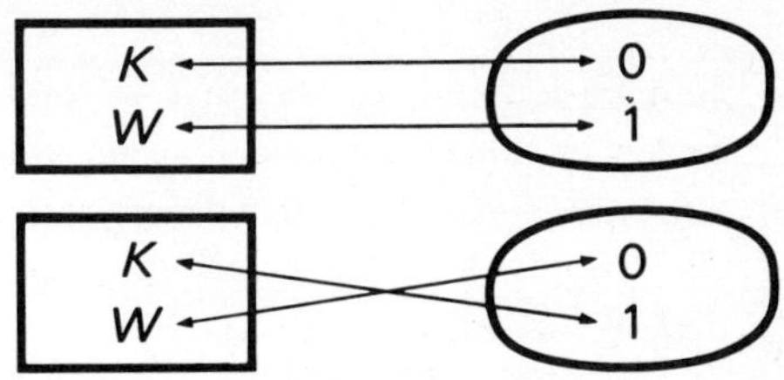

b) Die Menge $\mathbb{R}^+$ ist bijektiv abgebildet auf die Menge der Zehnerlogarithmen der Elemente von $\mathbb{R}^+$.

❷ Den geordneten Paaren von Elementen der Menge $A = \{a, b, c\}$ sei durch die nebenstehende Verknüpfungstafel eindeutig ein Element von A zugeordnet. Was ergibt sich für $a \circ c$, $c \circ a$, $c \circ c$, $b \circ c$?

$\circ$	a	b	c
a	a	b	c
b	b	c	a
c	c	a	b

Liegt in einer Menge M eine innere Verknüpfung $\circ$ vor, dann heißt $(M, \circ)$ Verknüpfungsgebilde.

Beispiele: a) $(\mathbb{N}, +)$ b) $(\mathbb{N}, \cdot)$ c) $(\mathbb{Z}, \cdot)$
d) $(\mathbb{Q}, *)$; $*$ bedeute: „Bilde das arithmetische Mittel".
e) $(\{a, b, c\}, \odot)$ mit

$\odot$	a	b	c
a	a	a	a
b	a	b	c
c	a	c	b

f) $(\mathcal{P}(M), \cup)$ mit $M = \{1,2\}$ und $\cup$ gegeben durch

$\cup$	{ }	{1}	{2}	{1,2}
{ }	{ }	{1}	{2}	{1,2}
{1}	{1}	{1}	{1,2}	{1,2}
{2}	{2}	{1,2}	{2}	{1,2}
{1,2}	{1,2}	{1,2}	{1,2}	{1,2}

Gegenbeispiele: a) $(\mathbb{N}, -)$ b) $(\mathbb{N}, *)$; $*$ bedeute: „Bilde das arithmetische Mittel".

❸ Gegeben sind die Verknüpfungsgebilde $(A, *)$ und $(B, \circ)$, deren Verknüpfungen $*$ bzw. $\circ$ durch die folgenden Verknüpfungstafeln definiert sind:

$*$	a	b	c
a	a	b	c
b	b	c	a
c	c	a	b

$\circ$	$\bar{0}$	$\bar{1}$	$\bar{2}$
$\bar{0}$	$\bar{0}$	$\bar{1}$	$\bar{2}$
$\bar{1}$	$\bar{1}$	$\bar{2}$	$\bar{0}$
$\bar{2}$	$\bar{2}$	$\bar{0}$	$\bar{1}$

A Menge der Deckabbildungen bei Drehung eines gleichseitigen Dreiecks.
$*$ Nacheinanderausführung zweier Drehungen.
B Menge der Restklassen bei Division durch 3.
$\circ$ Addition der Reste.

a) Bestätige, daß es sich um zwei Verknüpfungsgebilde handelt.
b) Welche bijektive Abbildung $A \xrightarrow{f} B$ wird durch die Verknüpfungstafeln nahegelegt? Zeichne ein Mengenzuordnungsbild mit Zuordnungspfeilen.
c) Welche Bilder gehören zu a, b, $a * b$? Verknüpfe auch $f(a)$ mit $f(b)$. Was entsteht?
d) Wenn aus $r * s = t$ folgt $f(r) \circ f(s) = f(t)$ mit $f(t) = f(r * s)$, dann heißt die Abbildung $A \xrightarrow{f} B$ „verknüpfungstreu". Es ist also das Bild einer Verknüpfung gleich der Verknüpfung der Bilder. Zeige $A \xrightarrow{f} B$ ist verknüpfungstreu.

❹ Beantworte dieselben Fragen für die folgenden Verknüpfungsgebilde:

a)

$\vee$	w	f
w	w	w
f	w	f

$\circ$	1	0
1	1	1
0	1	0

b)

$\wedge$	w	f
w	w	f
f	f	f

$\odot$	1	0
1	1	0
0	0	0

Zwei Verknüpfungsgebilde $(A, *)$ und $(B, \circ)$ heißen *isomorph* zueinander, wenn eine Abbildung $A \xrightarrow{f} B$ existiert, die folgende Bedingungen erfüllt:
I. f ist bijektiv
II. f ist verknüpfungstreu,
d.h. für $x_1, x_2 \in A$ gilt:
$f(x_1) \circ f(x_2) = f(x_1 * x_2)$

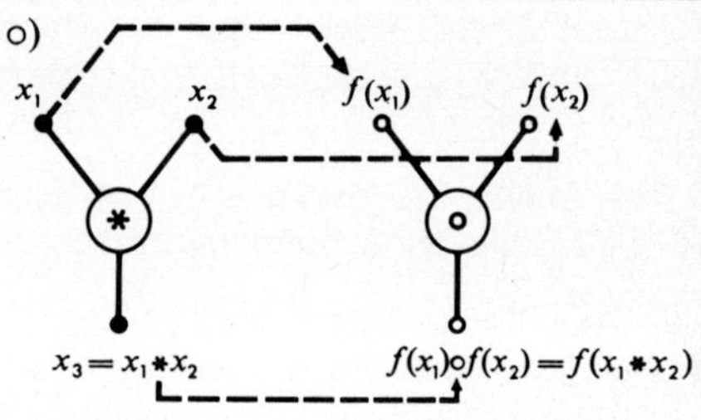

Beispiel:
G sei die Menge der geraden Zahlen. Dann ist $(\mathbb{N}, +)$ isomorph zu $(G, +)$. Für $n \in \mathbb{N}$ und $z = 2n \in G$ gilt: $f(n_1) = 2n_1$; $f(n_2) = 2n_2$; $f(n_1) \circ f(n_2) = 2n_1 + 2n_2$; ferner $f(n_1 * n_2) = f(n_1 + n_2) = 2(n_1 + n_2)$; also $f(n_1) \circ f(n_2) = f(n_1 * n_2)$. Dabei bedeuten $\circ$ bzw. $*$ beide Male die gewöhnliche Addition.

Es gibt auch Verknüpfungsgebilde, die bez. *zweier* Verknüpfungen isomorph sind.

❺ Zeige, daß die Verknüpfungsgebilde $(\mathbb{N}, +, \cdot)$ und $(\mathbb{Z}^+, +, \cdot)$ bezüglich zweier Verknüpfungen isomorph sind.

❻ Zeige, daß für die Verknüpfungsgebilde $(\mathbb{N}, +, \cdot)$ und $(G, +, \cdot)$ mit $G = \{2, 4, 6, \ldots\}$ nur hinsichtlich *einer* Verknüpfung ein Isomorphismus konstruiert werden kann.

Zwei Verknüpfungsgebilde mit je zwei Verknüpfungen heißen isomorph, wenn die Zuordnung der Verknüpfungen festliegt und die Bedingungen der Isomorphie hinsichtlich beider Verknüpfungen erfüllt sind.

Beispiel: Konstruiere für die beiden Verknüpfungsgebilde $(A, \sqcap, \sqcup)$ und $(B, \cap, \cup)$ einen Isomorphismus. Dabei sei $A = \{x | x \text{ ist Teiler der Zahl } 15\} = \{1, 3, 5, 15\}$,
$\sqcap$ bedeute „größter gemeinsamer Teiler",
$\sqcup$ bedeute „kleinstes gemeinschaftliches Vielfaches",
B sei die Potenzmenge der Menge $G = \{u, v\}$, also $B = \{\{\}, \{u\}, \{v\}, \{u, v\}\}$.

Die bijektive Zuordnung ist gegeben durch

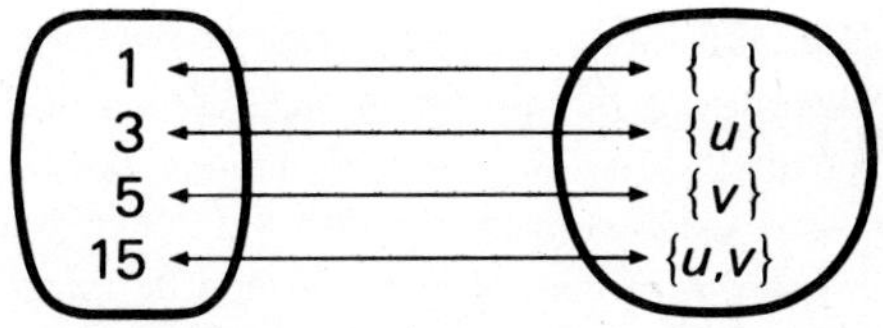

Als Verknüpfungstafel erhält man für

$(A, \sqcap)$:

$\sqcap$	1	3	5	15
1	1	1	1	1
3	1	3	(1)	3
5	1	1	5	5
15	1	3	5	15

$(B, \cap)$:

$\cap$	$\{\}$	$\{u\}$	$\{v\}$	$\{u, v\}$
$\{\}$	$\{\}$	$\{\}$	$\{\}$	$\{\}$
$\{u\}$	$\{\}$	$\{u\}$	($\{\}$)	$\{u\}$
$\{v\}$	$\{\}$	$\{\}$	$\{v\}$	$\{v\}$
$\{u, v\}$	$\{\}$	$\{u\}$	$\{v\}$	$\{u, v\}$

$(A, \sqcup)$:

$\sqcup$	1	3	5	15
1	1	3	5	15
3	3	3	(15)	15
5	5	15	5	15
15	15	15	15	15

$(B, \cup)$:

$\cup$	$\{\}$	$\{u\}$	$\{v\}$	$\{u, v\}$
$\{\}$	$\{\}$	$\{u\}$	$\{v\}$	$\{u, v\}$
$\{u\}$	$\{u\}$	$\{u\}$	($\{u, v\}$)	$\{u, v\}$
$\{v\}$	$\{v\}$	$\{u, v\}$	$\{v\}$	$\{u, v\}$
$\{u, v\}$	$\{u, v\}$	$\{u, v\}$	$\{u, v\}$	$\{u, v\}$

I. Bijektivität ist erfüllt für $f(1) = \{\}$; $f(3) = \{u\}$; $f(5) = \{v\}$; $f(15) = \{u, v\}$.

II. $\sqcap$ ist eineindeutig zugeordnet $\cap$
$\sqcup$ ist eineindeutig zugeordnet $\cup$.
Es besteht Verknüpfungstreue. Die Zuordnungspfeile lassen erkennen:
Das Bild einer Verknüpfung ist gleich der Verknüpfung der Bilder
z.B.: $3 \sqcap 5 = 1$; $f(1) = \{\}$; $f(3) \cap f(5) = \{u\} \cap \{v\} = \{\}$.

Aufgaben

1. a) V_3 sei die Menge der Vielfachen der Zahl 3, also $V_3 = \{3, 6, 9, \ldots\}$.
Gib zum Verknüpfungsgebilde $(V_3, +)$ ein isomorphes Gebilde an.
b) Dasselbe für $V_4 = \{4, 8, 12, \ldots\}$.

2. Stelle in Pfeildiagrammen und als Paarmengen alle Bijektionen von $A = \{u, v, w\}$ auf $B = \{r, s, t\}$ dar.

3. Beweise, wenn $(A, \circ)$ isomorph zu $(B, *)$ und $(B, *)$ isomorph zu $(C, \circ)$ ist, dann ist auch $(A, \circ)$ isomorph zu $(C, \circ)$.

4. Konstruiere wie im obigen Beispiel einen Isomorphismus für die Verknüpfungsgebilde $(A, \sqcap, \sqcup)$ und $(B, \cap, \cup)$ mit $A = \{1, 2\}$ und $B = \{\{\}, \{e\}\}$. Gib auch die Neutralelemente an.

5. Konstruiere zu $(B, \wedge, \vee)$ mit $B = \{\text{L}, 0\}$ und $(\{\{\}, \{e\}\}, \cap, \cup)$ einen Isomorphismus.

14 Boolesche Algebra

❶ Stelle die 11 Gesetze zusammen, die sich bei Aussagenlogik, Mengenalgebra und Schaltalgebra entsprechen (S. 28). Zeichne die dazugehörigen Schaltungen.

Die auffallende Gleichartigkeit so verschiedener Gebiete wie Aussagenlogik, Mengenalgebra und Schaltalgebra hat dazu geführt, eine mathematische *Struktur* herauszustellen. Sie heißt *Boolesche Algebra* oder *Boolescher Verband.* Der Boolesche Verband ist eine abstrakte Struktur, bei der auf einer Menge, der *Trägermenge V*, zwei Verknüpfungen mit vorgegebenen Eigenschaften definiert sind. Jedes Verknüpfungsgebilde, das dann die Gesetze des Booleschen Verbandes erfüllt, heißt ein *Modell eines Booleschen Verbandes.* Ehe wir die Gesetze formulieren, führen wir einheitliche Verknüpfungszeichen ein.

> Es ist üblich bei Booleschen Verbänden die Zeichen $\cap$, $\wedge$, $\sqcap$ bzw. $\cup$, $\vee$, $\sqcup$ durch die Zeichen der normalen Algebra $\cdot$ bzw. $+$ zu ersetzen.
> Für den Booleschen Verband über der Trägermenge V schreiben wir $(V, +, \cdot)$.

Dabei ist man übereingekommen, wie in der Algebra, den Punkt zwischen Variablen wegzulassen und festzusetzen: „Punktrechnung geht vor Strichrechnung". Die Negation wird durch Überstreichen ausgedrückt, die Äquivalenz durch $=$.

Beispiel: Gegenüberstellung der Verknüpfungsgebilde $(B, \wedge, \vee)$; $(S, \sqcap, \sqcup)$; $(G, \cap, \cup)$.

$(B, \wedge, \vee)$	$\wedge$	$\vee$	$a \wedge b$	$a \vee b$	$\neg a$	$a \wedge (a \vee b) \Leftrightarrow a$
$(S, \sqcap, \sqcup)$	$\sqcap$	$\sqcup$	$a \sqcap b$	$a \sqcup b$	$\bar{a}$	$a \sqcup (a \sqcap b) = a$
$(G, \cap, \cup)$	$\cap$	$\cup$	$A \cap B$	$A \cup B$	$\bar{A}$	$A \cap (A \cup B) = A$
$(V, \cdot, +)$	$\cdot$	$+$	ab	$a + b$	$\bar{a}$	$a(a + b) = a$

❷ Wie heißen Schreibfiguren wie L, 0, $a \vee b$, $A \cup B$, $s_1 \sqcap s_2$?

> Ausdrücke der Form $a \cdot b, a\,b, a + b, a(a + b), a + b$ nennen wir Boolesche Terme.

❸ Auch Gesetze wie $a \wedge \mathrm{L} \Leftrightarrow a$, $A \cap G = A$, $a \vee 0 \Leftrightarrow a$, $A \cup \{\} = A$ sollen nun einheitlich geschrieben werden. Welche Zeichen wird man für L, 0, $\{\}$, G verwenden?

Schreibt man Terme wie $a \wedge \mathrm{L}$ oder $a + 0 = a$, so erkennt man, daß L und 0 „*Neutralelemente*" sind wie 1 und 0 in der gewöhnlichen Algebra.

> Die Neutralelemente eines Booleschen Verbandes bezeichnen wir einheitlich mit 1 und 0.

Beispiel: Gegenüberstellung von Aussagenalgebra und Boolescher Algebra.

Aussagenlogik $(B, \wedge, \vee)$	$a \wedge \neg a \Leftrightarrow 0$ $a \vee \neg a \Leftrightarrow \mathrm{L}$	$a \wedge \mathrm{L} \Leftrightarrow a$ $a \vee 0 \Leftrightarrow a$	$a \wedge 0 \Leftrightarrow 0$ $a \vee \mathrm{L} \Leftrightarrow \mathrm{L}$	$\neg 0 \Leftrightarrow \mathrm{L}$ $\neg L \Leftrightarrow 0$
Boolesche Algebra $(V, \cdot, +)$	$a \cdot \bar{a} = 0$ $a + \bar{a} = 1$	$a \cdot 1 = a$ $a + 0 = a$	$a \cdot 0 = 0$ $a + 1 = 1$	$\bar{0} = 1$ $\bar{1} = 0$

Als Axiome eines Booleschen Verbandes, aus denen man alle anderen Gesetze herleiten kann, haben sich die *Kommutativgesetze*, die Existenz der *Neutralelemente* und *Komplemente*, sowie das *Distributivgesetz* als sinnvoll erwiesen.

❹ Zeige, daß die Gesetze (1), (4), (5) und (6) von S. 28 diesen Axiomen entsprechen.

❺ Zeige, daß diese vier Gesetze für das Verknüpfungsgebilde $(A, \sqcap, \sqcup)$ des Beispiels von S. 37 gelten. Welche Gesetze müssen noch überprüft werden?

Definition der Struktur „*Boolescher Verband*“:

Eine Menge V mit zwei Verknüpfungen $\cdot$ und $+$ heißt Boolescher Verband, wenn die folgenden Verknüpfungsaxiome gelten:

Art des Gesetzes	Verknüpfung +		Verknüpfung ·	
Kommutativgesetz	Ia	$a+b=b+a$	Ib	$a\cdot b=b\cdot a$
Distributivgesetz	IIa	$a+b\cdot c=(a+b)\cdot(a+c)$	IIb	$a\cdot(b+c)=a\cdot b+a\cdot c$
Es gibt 2 Neutralelemente 0 und 1	IIIa	$a+0=0+a=a$	IIIb	$a\cdot 1=1\cdot a=a$
Es gibt zu jedem a ein $\bar{a}$	IVa	$a+\bar{a}=1$	IVb	$a\cdot\bar{a}=0$

❻ Wie erhält man die Gesetze Ib bis IVb aus denen von Ia bis IVa?

In der Booleschen Algebra gilt das *Dualitätsprinzip:* Vertauscht man in einem Booleschen Verband die Verknüpfungen $+$ und $\cdot$ und zugleich auch die Elemente 0 und 1, so gehen die Axiome Ia bis IVa in die Axiome Ib bis IVb über und umgekehrt. Für jeden aus diesen Axiomen herleitbaren Satz gilt auch der zu ihm *duale Satz*, der dadurch entsteht, daß man $+$ mit $\cdot$ und 0 mit 1 vertauscht.

Beispiel a): Zeige: Das Verknüpfungsgebilde $(A, +, \cdot)$ mit der Trägermenge $A=\{x|x \text{ ist Teiler der Zahl } 6\}=\{1, 2, 3, 6\}$ und den nebenstehenden Verknüpfungstafeln ist ein Boolescher Verband.

+	1	2	3	6
1	1	2	3	6
2	2	2	6	6
3	3	6	3	6
6	6	6	6	6

·	1	2	3	6
1	1	1	1	1
2	1	2	1	2
3	1	1	3	3
6	1	2	3	6

Beweis: 1) Die Verknüpfungstafeln sind symmetrisch zur gestrichelten Diagonale, d.h., Ia und Ib sind erfüllt.

2) Das Durchprobieren ergibt die Gültigkeit der Distributivgesetze.

3) Das Einselement ist $e=6$, das Nullelement ist $n=1$, denn für jedes $a\in A$ gilt $a\cdot 6=a$ und $a+1=a$.

4) Zu jedem $a\in A$ gibt es ein $\bar{a}$ mit $a\cdot\bar{a}=1$ und $a+\bar{a}=6$:

a	1	2	3	6
$\bar{a}$	6	3	2	1

Ergebnis: Der Teilerverband A ist ein Boolescher Verband. Die Verknüpfung $+$ bedeutet das kgV zweier Teiler; die Verknüpfung $\cdot$ bedeutet den ggT zweier Teiler. (Überprüfe dies an den Verknüpfungstafeln!)

Verallgemeinerung: Ein Teilerverband, der keine mehrfachen Primfaktoren enthält, ist ein Boolescher Verband.

Beispiel b): Zeige: Die Potenzmenge G der Menge mit einem Element $E = \{e\}$, $G = \mathfrak{P}(E) = \{\{e\}, \{\ \}\}$ ist ein Modell eines Booleschen Verbandes mit den Verknüpfungen $\cap$ und $\cup$.

$\cap$	$\{e\}$	$\{\ \}$
$\{e\}$	$\{e\}$	$\{\ \}$
$\{\ \}$	$\{\ \}$	$\{\ \}$

$\cup$	$\{e\}$	$\{\ \}$
$\{e\}$	$\{e\}$	$\{e\}$
$\{\ \}$	$\{e\}$	$\{\ \}$

Der Nachweis der 4 Axiome läßt sich mit den Verknüpfungstafeln leicht führen.

Beispiel c): Das Schalterverknüpfungsgebilde (S, ⊓, ⊔) mit $S = \{0, 1\}$ ist ein Modell eines Booleschen Verbandes.

> Die Verknüpfungsgebilde $(B, \wedge, \vee)$, (S, ⊓, ⊔) und $(G, \cap, \cup)$ sind Modelle der Booleschen Algebra.
> In jedem Falle gelten die Gesetze der Booleschen Algebra, die somit auf Probleme der Aussagenlogik und der Schaltalgebra angewendet werden können.

❼ Vergleiche den kleinsten Booleschen Verband $(V, \cdot, +)$, wobei $V = \{0, 1\}$ ist, mit dem Verknüpfungsgebilde von Beispiel b). Zeige, daß die Verknüpfungsgebilde $(V, \cdot, +)$ und $(G, \cap, \cup)$ isomorph sind.

> Der kleinste Boolesche Verband $(\{0, 1\}, \cdot, +)$ ist isomorph dem Mengenverband $(G, \cap, \cup)$ mit $G = \{\{e\}, \{\ \}\}$.

Allgemein läßt sich der Satz beweisen:
Zu jedem endlichen Booleschen Verband gibt es einen endlichen isomorphen Mengenverband $(\mathfrak{P}(M), \cap, \cup)$.

Damit können die anschaulicheren Mengenvorstellungen bei Betrachtungen von Booleschen Verbänden verwendet werden. Wir werden dies oft benutzen.

Aufgaben

1. Zeige: Bei einer Teilermenge mit mehrfachen Primfaktoren liegt kein Boolescher Verband vor, weil es nicht zu jedem a ein $\bar{a}$ gibt.
2. Suche zu dem Booleschen Verband $(A, \cdot, +)$ des Beispiels a) einen isomorphen Mengenverband.
3. Zeige: Die Menge der Teilmengen der Menge $M = \{a, b, c\}$ ist ein Boolescher Verband hinsichtlich der Verknüpfungen $\cap$ und $\cup$.
4. Zeige: Die Menge $T_{35} = \{x | x \text{ ist Teiler von } 35\}$ ist ein Boolescher Verband mit den Verknüpfungen ⊓ und ⊔.
5. Warum ist (T_{45}, ⊓, ⊔) mit $T_{45} = \{1, 3, 5, 9, 15, 45\}$ kein Boolescher Verband?
6. Zeige, daß $B = \{0, 1\}$ mit den Verknüpfungstafeln alle vier Axiome des Booleschen Verbandes erfüllt. Nenne die Neutralelemente und die komplementären Elemente.

$\cdot$	0	1
0	0	0
1	0	1

$+$	0	1
0	0	1
1	1	1

7. a) Gilt das Dualitätsprinzip auch für die Gesetze der üblichen Algebra?
   b) Suche Gesetze in $(V, +, \cdot)$, die in der üblichen Algebra nicht gelten.

15 Rechengesetze der Booleschen Algebra. Boolesche Terme

❶ Von den 11 Gesetzen der Aussagenlogik auf S. 28 werden einige als Axiome der Booleschen Algebra ausgewählt. Formuliere die fehlenden Gesetze in $(V, +, \cdot)$.

Drei dieser Gesetze sollen in den folgenden drei Beispielen hergeleitet werden.

Beispiel a): Das Idempotenzgesetz ((9) von S. 28)
Es besagt: Für alle Elemente $a \in V$, wobei V ein Boolescher Verband ist, gilt: $a + a = a$ bzw. $a \cdot a = a$ (Dies gilt in der gewöhnlichen Algebra nicht).

Beweis: Es dürfen nur die Axiome I bis IV verwendet werden.

Es ist
$a = a + 0$ (nach III a)
$= a + a\bar{a}$ (nach IV b)
$= (a + a)(a + \bar{a})$ (nach II a)
$= (a + a) \cdot 1$ (nach IV a)
$= a + a$ (nach III b)

Wegen des Dualitätsprinzips kann man $a \cdot a = a$ entsprechend durch Vertauschen von $+$ und $\cdot$ beweisen.

Beispiel b): ((6) von S. 28)
Für alle $a \in V$ gilt:
$a + 1 = 1$ und $a \cdot 0 = 0$

Beweis:
$1 = a + \bar{a}$ (nach IV a)
$= a + \bar{a} \cdot 1$ (nach III b)
$= (a + \bar{a})(a + 1)$ (nach II a)
$= 1\,(a + 1)$ (nach IV a)
$= a + 1$ (nach III b)

Beispiel c): Die Absorptionsgesetze ((3) von S. 28)
Für alle $a, b \in V$ gilt:
$a + a\,b = a$ und $a\,(a + b) = a$

Beweis für das 1. Gesetz:
$a = a \cdot 1$
$= a\,(1 + b)$ (nach Beispiel b)
$= a \cdot 1 + a\,b$ (nach II b)
$= a + a\,b$ (nach III b)
Das Dualitätsprinzip gibt das 2. Gesetz.

In ähnlicher Weise, aber mit zum Teil wesentlich mehr Schritten, lassen sich die fehlenden 7 Gesetze nachweisen. In $(V, +, \cdot)$ gelten also:

	Verknüpfung $+$		Verknüpfung $\cdot$
V	$(a + b) + c = a + (b + c)$	Assoziativgesetze	$(ab)\,c = a(bc)$
VI	$a + ab = a$	Absorptionsgesetze	$a\,(a + b) = a$
VII	$a + 1 = 1$	Neutralelement	$a \cdot 0 = 0$
VIII	$\bar{0} = 1$		$\bar{1} = 0$
IX	$a + a = a$	Idempotenzgesetze	$a \cdot a = a$
X	$\bar{\bar{a}} = a$	Doppeltes Komplement	
XI	$\overline{a + b} = \bar{a}\bar{b}$	De Morgan-Gesetze	$\overline{ab} = \bar{a} + \bar{b}$

❷ Welche der aufgeführten 11 Gesetze der Booleschen Algebra stimmen mit denen der gewöhnlichen Algebra überein und welche weichen ab? Gib Beispiele dazu.

Außer den Kommutativgesetzen, den Assoziativgesetzen und dem 2. Distributivgesetz sind die Gesetze der Booleschen Algebra neuartig. *Umformungen* von Booleschen Termen müssen deshalb besonders geübt werden.

Zu beachten sind bei Termumformungen besonders die Gesetze:

$a + bc = (a + b)(a + c)$	$a(a + x) = a$	(Dabei ist x irgendeine Boolesche Variable).
$a \cdot \bar{a} \;= 0$	$a + ax \;= a$	
$a + 1 \;= 1$	$a + \bar{a} \;= 1$	

Einige *Termumformungsbeispiele* und Anwendungen der Booleschen Algebra:

a) $(x + y)(u + v) = xu + xv + yu + yv$.
Es besteht kein Unterschied gegenüber der gewöhnlichen Algebra.

b) Nach dem Dualitätsprinzip, das in der gewöhnlichen Algebra nicht gilt, folgt: $xy + uv = (x + u)(x + v)(y + u)(y + v)$.

Beweis:

$$\begin{aligned} xy + uv &= (xy + u)(xy + v) && \text{(nach dem Gesetz IIa)} \\ &= (u + xy)(v + xy) && \text{(nach dem Gesetz Ia)} \\ &= (u + x)(u + y)(v + x)(v + y) && \text{(nach dem Gesetz IIa)} \end{aligned}$$

c) $x + \bar{x}y = (x + \bar{x})(x + y) = 1 \cdot (x + y) = x + y$

• d) $\overline{x \cdot y \cdot z} = \overline{(xy)z} = ((\overline{xy}) + \bar{z}) = \bar{x} + \bar{y} + \bar{z}$

e) $$\begin{aligned} (a + b)(a + c) + abc &= a(a + c) + ba + bc + abc \\ &= a + ab + bc + bca \\ &= a + ab + bc \\ &= a + bc. \end{aligned}$$

f) Boolesche Variable lassen sich als Aussagenvariable deuten. Man kann dann komplizierte Aussagen so vereinfachen, daß sie leicht zu beurteilen sind. Wir wollen das Verfahren an unserem Eingangsbeispiel von S. 4 erläutern und diese Aufgabe dadurch lösen, daß wir Aussagenvariable einführen und mit diesen einen Aussagenterm bilden. Nach Umformungen mit den Gesetzen und Regeln der Booleschen Algebra erhalten wir einen so einfachen Term, daß wir dessen Wahrheitswert ohne Schwierigkeit feststellen können.

Wir verwenden folgende Aussagenvariablen:

h: Herr Meier kommt — *k:* Kay kommt — *t:* Tim kommt

f: Frau Meier kommt — *u:* Uwe kommt

Aus den Bedingungen der Aufgabe folgen die 5 Aussagenverknüpfungen:
$h \to f; \quad u + k; \quad f\bar{t} + \bar{f}t; \quad tk + \bar{t}\bar{k}; \quad \bar{u} + kh.$
Sie müssen alle fünf zugleich erfüllt sein; wir verknüpfen sie deshalb durch UND.

Wegen $(h \to f) = (\bar{h} + f)$ erhält man dann den Term
$T = (\bar{h} + f) \cdot (u + k) \cdot (f\bar{t} + \bar{f}t) \cdot (tk + \bar{t}\bar{k}) \cdot (\bar{u} + kh)$. Die Umformung ergibt:

$$\begin{aligned} &= (\bar{h} + f) \cdot (u + k) \cdot (\bar{u} + kh) \cdot (f\bar{t} + \bar{f}t) \cdot (tk + \bar{t}\bar{k}) \\ &= (\bar{h} + f) \cdot (\underbrace{u\bar{u}}_{0} + ukh + k\bar{u} + kh) \cdot (\underbrace{f\bar{t}tk}_{0} + f\bar{t}\bar{k} + \bar{f}tk + \underbrace{\bar{f}t\bar{t}\bar{k}}_{0}) \\ &= (\bar{h} + f) \cdot (ukh + k\bar{u} + kh) \cdot (f\bar{t}\bar{k} + \bar{f}tk) = (\bar{h}k\bar{u} + fukh + fk\bar{u} + fkh) \cdot (f\bar{t}\bar{k} + \bar{f}tk) \\ &= \bar{h}k\bar{u}\bar{f}tk = kt\bar{h}\bar{u}\bar{f}. \end{aligned}$$

Ergebnis: Kay kommt und Tim kommt (und Herr Meier kommt nicht und Uwe kommt nicht und Frau Meier kommt nicht).

g) Vereinfachen von Schaltungen: Boolesche Variable können auch Variable der Schaltalgebra sein. Man kann komplizierte Schaltungen (einen zusammengesetzten Schalter) dann durch Termumformungen so vereinfachen, daß eine äquivalente einfachere Schaltung hergestellt werden kann.

Gegeben sei die Schaltung:

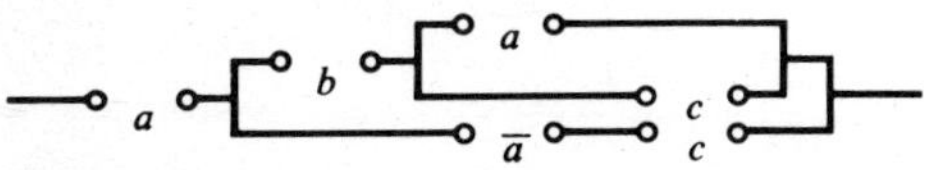

Der dazugehörige Boolesche Term ist:

$a \cdot [\bar a c + b \cdot (a + c)]$

Termumformungen ergeben $a\,[\bar a c + b \cdot (a + c)] = a\,[\bar a c + ab + bc] = a\bar a c + aab + abc$
$= 0 \cdot c + ab + abc \;= ab + abc = ab$

Die zur gegebenen Schaltung äquivalente viel einfachere Schaltung ist also die Serienschaltung von a und b:

Aufgaben

1. Vereinfache die folgenden Terme nach den Gesetzen der Booleschen Algebra:

a) $(a + \bar a)\, b$ b) $a + b\bar b$ c) $(a + \bar a)(b + \bar b)$
d) $(a + b) + a$ e) $a\,(ba)$ f) $a + \bar a$
g) $\overline{a + b}$ h) $\overline{\bar a + b}$ i) $\overline{a + \bar b}$.

2. Dasselbe für:

a) $(a + b)(c + \bar c)$ b) $(a + b)(a + c)$
c) $(a + c)(b + \bar a)$ d) $ac + b\bar c + bc$
e) $ab\bar c + a\bar b\bar c + abc$ f) $\bar a\bar b c + \bar a\bar b\bar c + \bar a b\bar c$
g) $\bar a bc + abc + \bar a\bar b c$ h) $\bar a bc + \bar a\bar b c + \bar a\bar b\bar c + abc$.

3. Dasselbe für:

a) $(a + b + c) \cdot (c + d + a)$ b) $(abc + abd)\, \bar a$
c) $abc + abd$ d) $abc + ab\bar c + a\bar b\bar d + \bar a\bar b\bar d$
e) $abcd + abc\bar d + ab\bar c\bar d$ f) $\bar a\bar b\bar c d + \bar a b\bar c\bar d + a\bar b\bar c\bar d$
g) $abc + abcd$ h) $\bar a\bar b cd + \bar a\bar b cd\bar e$.
i) $\overline{ab + cd}$.

4. Beweise die Äquivalenz folgender Terme:

a) $(ab)(\bar a + \bar b) = 0$ b) $ab + a\bar b = a$
c) $(a + b)(a + \bar b) = a$ d) $\bar a + b = \bar a\bar b + \bar a b + ab$
e) $a + \bar b = \bar a\bar b + a\bar b + ab$ f) $ab + \bar a + \bar b = 1$
g) $(a + b)(\bar a + c)(b + c) = ac + \bar a b$ h) $(a + b)(\bar a + \bar b + \bar c)(\bar c a + \bar b) = a\,(\overline{bc})$.

5. Was besagt die folgende Aussage: „Wenn mich Helga nicht besucht, und wenn mein Auto gleich anspringt, dann komme ich pünktlich zum Fußballspiel. Mein Auto springt sofort an, und ich komme zu spät auf den Sportplatz"?

6. Vereinfache die untenstehenden Schaltungen:

a)

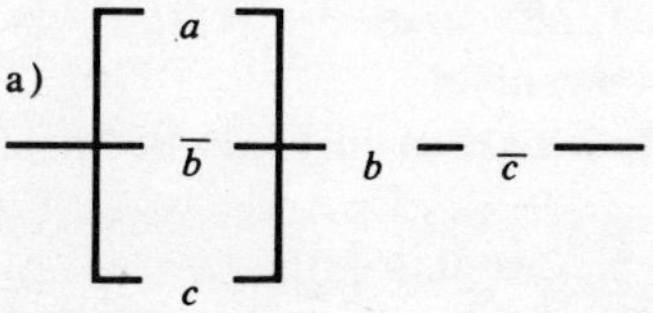

b)

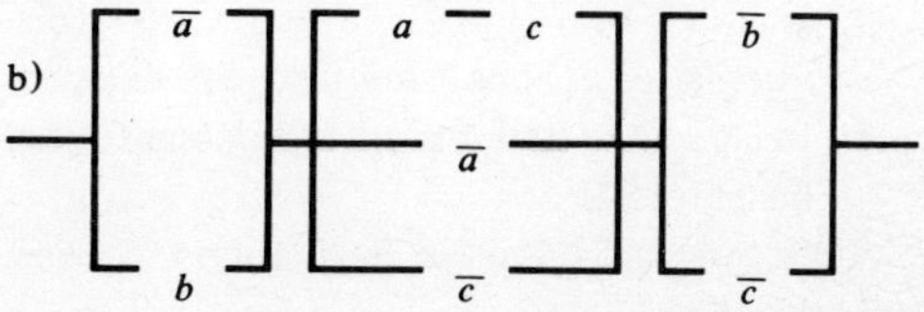

16 Vermischte Aufgaben

1. Vereinfache:

a) $(ab + c)(\bar{b} + c)$

b) $(a + \bar{b} + \bar{c})(a + bc)$

c) $\bar{a}\bar{b}c + \bar{a}b\bar{c} + a\bar{b}\bar{c} + a\bar{b}c + \bar{a}\bar{b}\bar{c}$

d) $(\bar{a} + b)(ac + \bar{a}\bar{c})(b\bar{c} + \bar{b}c)$

e) $ab\bar{c} + (ab\bar{c} + d)\,c + d$

f) $(\overline{a + b})(a\bar{b} + b)$

g) $(\overline{c + d})\,ab + b\,(\overline{c + d})$

h) $\overline{\overline{ab + c} + \bar{a}\bar{c} + d}$

i) $(a + b)(\overline{a\,b} + c)(\overline{\bar{a} + c} + \bar{b})$.

In den folgenden Aufgaben sind die einzelnen Aussagen durch Aussagenvariable darzustellen. Die Bedingungen der Aufgabe sind dann durch einen aussagenlogischen Term anzugeben, der mit Hilfe der Gesetze der Booleschen Algebra so zu vereinfachen ist, daß die Lösung der Aufgabe abgelesen werden kann (vgl. Beispiel f) auf S. 42).

2. Das Ehepaar Axel und Beate wie auch Herr Claus sollen zum Essen eingeladen werden. Dabei müssen aber folgende Bedingungen erfüllt werden:
1. Wenn Axel eingeladen wird, muß auch seine Frau Beate eingeladen werden.
2. Entweder werden Axel und Claus gemeinsam eingeladen oder keiner von beiden.
3. Beate und Claus dürfen nicht zusammen eingeladen werden.

   Wer wird eingeladen?

3. Für einen Speiseplan müssen folgende Bedingungen erfüllt werden:
1. Zu jeder Mahlzeit muß man Salat anmachen, wenn man kein Gemüse kocht.
2. Wenn es Gemüse und Salat zur gleichen Mahlzeit gibt, darf es keine Suppe geben.
3. Wenn es Suppe gibt oder kein Gemüse gereicht wird, darf man auch keinen Salat servieren.

Zeige, daß sich ergibt: Man reicht immer Gemüse und niemals Salat und Suppe zur selben Mahlzeit.

4. „Wenn ich zu Kay gehe, dann ist dort auch Helga, aber ich komme nicht mit meinem Freund Uwe zusammen. Wenn ich meinen Freund Uwe nicht treffe, dann kann ich ihm meinen Glückwunsch nicht aussprechen. Ich beglückwünsche ihn aber“. Was läßt sich daraus schließen?

5. „Wenn ich nach Paris reise, nur dann fahre ich auch nach Versailles. Wenn ich nicht nach Wien fahre, dann fahre ich auch nicht nach Versailles. Ich weiß bestimmt, daß ich nicht nach Wien und Paris verreise, aber ich fahre nach Paris oder nach Wien“. Wohin verreise ich wohl?

6. „Wenn es nicht regnet, machen wir einen Ausflug. Wenn wir keinen Ausflug machen, werden wir nicht naß, und wenn es regnet, werden wir sicher naß“. Was können wir daraus schließen?

7. Deute die folgenden Booleschen Terme als Leitwertterme und als Mengenterme:
a) $a \cdot (b + c)$ b) $\bar{a} \cdot (a + b)$ c) $\bar{a}\,(\bar{b}c + b\bar{c})$ d) $ab\bar{c}$ e) $ab\bar{c}\bar{d}\bar{e}$ f) $(\bar{a}b \to c) \cdot b\bar{c}$.
Entwirf eine Schaltung und das entsprechende Mengenbild.

8. Bei der Aufstellung einer Klassenfußballmannschaft müssen folgende Bedingungen beachtet werden:
1. Spielt Karl, dann muß auch Otto spielen, weil er ihm gute Paßbälle zuspielt.

2. Weil sich aber Otto mit Peter nicht versteht, kann entweder Otto oder Peter aufgestellt werden.
3. Mit Karl ist Otto dagegen gut eingespielt, beide sollen also zur Mannschaft gehören oder keiner von beiden.

Wie sieht die Aufstellung der Mannschaft aus?

9. a) Beweise mit den Gesetzen IIb, IVa und IIIb: $ab + a\overline{b} = a$

b) Beweise mit IVb und dem Satz VII: $ab\overline{b} = 0$

c) Beweise mit VI: $a + ab = a(a + b) = a$

d) Beweise mit IVa, IIb, Va, VII: $ab + ac\overline{b} = ab + ac$.

10. Es sei $a, u, v \in V$ und V ein Boolescher Verband. Ferner sei $au = av$ und $au = av$. Beweise: $u = v$.

11. a) Welche Potenzmenge ist isomorph zu einem Booleschen Verband mit 4 Elementen?

b) Gib für diese Menge die Verknüpfungstafeln für die Verknüpfungen $\cap$ und $\cup$ an.

c) Gib für den Booleschen Verband mit der Menge $V = \{0, a, b, 1\}$ die Verknüpfungstafeln für $\cdot$ bzw. $+$ an. Vergleiche mit den Tafeln von b).

12. Mache dasselbe wie in Aufg. 11 für einen Booleschen Verband mit 8 Elementen.

13. In der Booleschen Algebra kann man auch Erfüllungsmengen von Bedingungsgleichungen suchen.

Gegeben ist die Menge $T = \{x | x \text{ ist Teiler von } 6\}$ ($\sqcap$ bedeutet ggT, $\sqcup$ bedeutet kgV). Bestimme die Erfüllungsmenge der Bedingungsgleichungen:

a) $3 \sqcap x = 2$ b) $3 \sqcap x = 3$ c) $3 \sqcap x = 6$ d) $3 \sqcup x = 6$

e) $(2 \sqcap x = 2) \wedge (2 \sqcup x = 2)$.

14. Gegeben ist die Grundmenge $B = \{0, \mathrm{L}\}$. Bestimme die Erfüllungsmenge für

a) $\mathrm{L} \wedge x = \mathrm{L}$ b) $\mathrm{L} \vee x = \mathrm{L}$ c) $0 \vee x = 0$ d) $0 \wedge x = \mathrm{L}$

e) $\mathrm{L} \rightarrow x = 0$ f) $x \rightarrow \mathrm{L} = \mathrm{L}$ g) $a(x + b) = a$.

15. Gegeben ist die Schalterverknüpfung $(\overline{a} + \overline{b} + a)(ab + \overline{a})$.

a) Entwirf eine Schaltung.

b) Stelle eine Leitwertverknüpfungstafel auf.

c) Forme den Term nach den Gesetzen der Booleschen Algebra um und zeige, daß sich $a + b$ ergibt.

d) Entwirf nach diesem Umformungsergebnis eine neue einfachere Schaltung und zeige, daß sie der ersten gleichwertig ist.

16. In einem Fernheizwerk stehen vier Brenner zur Verfügung: 1 großer, 2 kleine und 1 Reservebrenner. Der Reservebrenner wird nur dann eingeschaltet, wenn entweder der große oder beide kleine zusammen ausfallen; er wird also nicht eingeschaltet, wenn der große und die beiden kleinen zugleich ausfallen. Entwirf eine Schaltung, die den Reservebrenner automatisch einschaltet.

17. Die Fahrer dreier Streifenwagen können sich untereinander durch Sprechfunk verständigen. Damit kein Fahrer in ein Gespräch der beiden anderen hineinplatzt, soll eine Sperrschaltung gebaut werden, die dies verhindert.

a) Entwirf eine Schaltung für die Verständigungsmöglichkeiten der drei Fahrer.

b) Wie sieht die Schaltung aus, wenn sich zusätzlich die Zentrale jederzeit dazwischenschalten kann.

17 Die Gattertechnik

Es gibt verschiedene Wege, um die abstrakten Schalter der Schaltalgebra technisch zu verwirklichen: Handschalter, Relais, elektronische Schalter.

❶ Welchen Nachteil hat der Handschalter gegenüber dem Relais?

❷ Welche Aufgaben hat die Glühlampe im Steuerkreis und im Schaltkreis einer Relaisschaltung? Welche Aufgabe hat das Relais?

❸ Bei komplizierten, umfangreichen Schaltungen muß man viele Möglichkeiten durchprobieren und die Relais sehr oft schalten. Welcher mechanische Nachteil macht sich geltend?

Relais haben mechanische Schaltlamellen. Der Schaltvorgang benötigt dadurch verhältnismäßig viel Zeit. Heute ersetzt man die Relaisschalter durch *elektronische Schalter*, die Halbleiterbauelemente enthalten und trägheitslos äußerst schnell arbeiten.

❹ Welche Typen elektronischer Schalter braucht man, um eine komplizierte Schaltung aufzubauen?

Alle Schaltungen lassen sich aufbauen aus UND-Gliedern, ODER-Gliedern und NICHT-Gliedern.

Unabhängig vom technischen Aufbau bezeichnet man jedes derartige Schaltglied als *Gatter*. Jedes Gatter hat eine Eingangsseite (input) und eine Ausgangsseite (output). Gatter lassen sich deshalb hintereinander schalten.

Folgende drei Gatter sind für uns grundlegend:

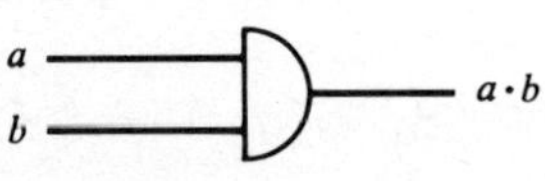

UND-Gatter

Nur wenn an den Kontakten a UND b eine Spannung liegt, ist auch am Ausgang $a \cdot b$ eine Spannung.

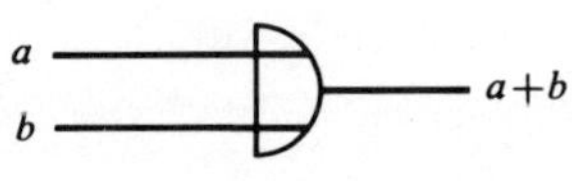

ODER-Gatter

Wenn an a ODER b Spannung liegt, ist am Ausgang $a + b$ Spannung.

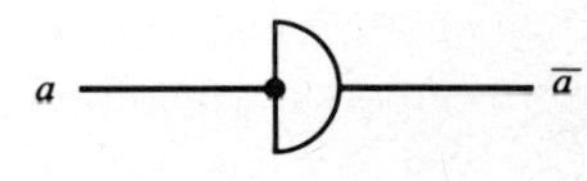

NICHT-Gatter

Wenn am Eingang a Spannung liegt, dann ist der Ausgang $\bar{a}$ spannungslos und umgekehrt.

In ähnlicher Weise sind die folgenden Symbole zu verstehen:

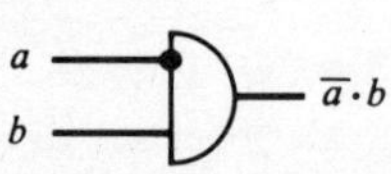

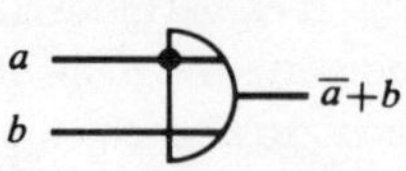

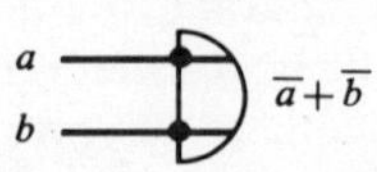

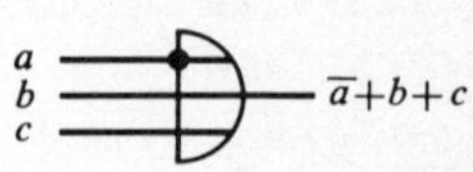

Beispiele: Leitwertterme in Gatterdarstellung.

a)

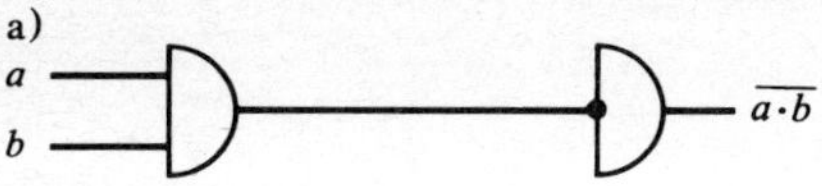

b)

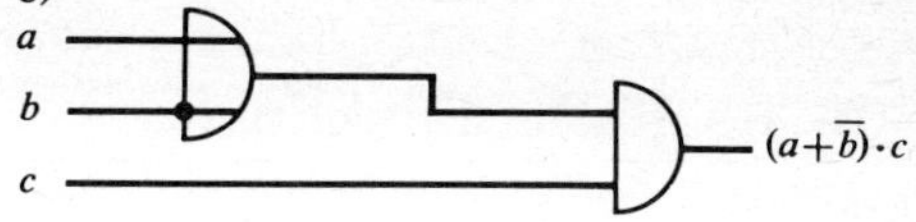

c)

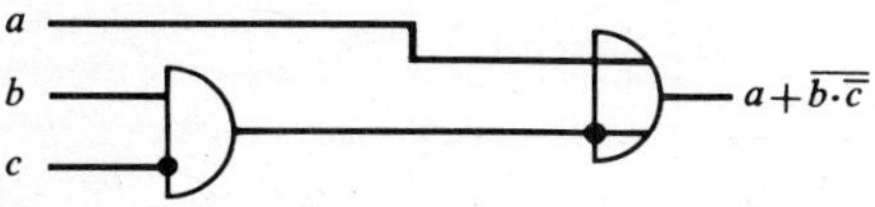

d) Bei komplizierteren Leitwerttermen geht man von „Eingangsdrähten" für die Variablen aus.

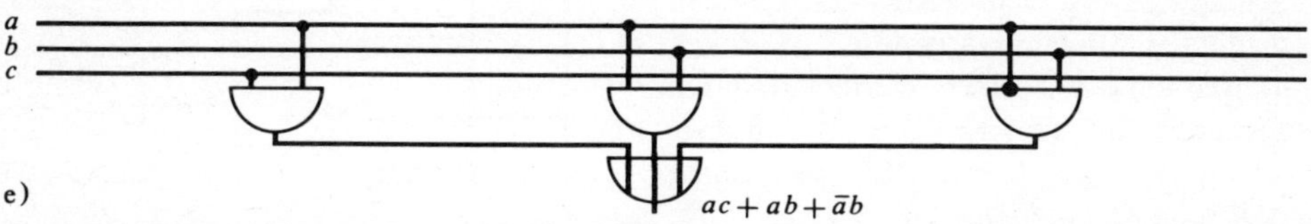

e)

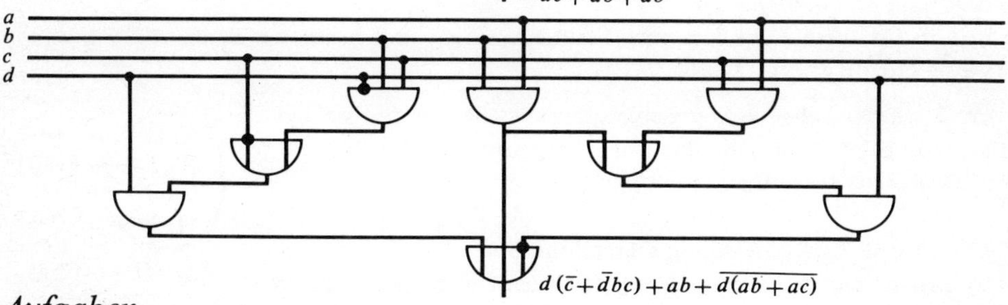

Aufgaben

1. Stelle die folgenden Leitwertterme in Gattertechnik dar:
a) $a(b+c)$ b) $a(a+b)$ c) $a+ab$ d) $\bar{a}+ab$
e) $\bar{a}\bar{b}+c$ f) $\bar{a}\bar{b}+\bar{c}$ g) $ab+(\bar{a}+\bar{b})c$.

2. Dasselbe wie in Aufg. 1. Forme so um, daß dabei nur noch Komplemente von einer Variablen auftreten.
a) $\overline{\bar{a}b}+\bar{c}$ b) $\overline{\bar{a}b+cd}+abc$
c) $\overline{a\bar{b}+\overline{ac}+bc}$ d) $(a+\bar{d})(\overline{b+e}+c)(a\bar{b}+c+d)$

3. a) Stelle den Term des Beispiels f) von S. 42 in Gattertechnik dar.
b) Bei welchen Spannungsimpulsen am „Input" zu den Variablen h, f, t, k, u wird auch im „Output" der gesamten Schaltung Spannung liegen?
c) Wieviel verschiedene Kombinationen sind im „Input" möglich? Wie lange dauert das Durchprobieren aller Möglichkeiten, wenn die Frequenz des Inputwechsels 50 Hertz beträgt?

4. a) Übertrage die Schaltung des Beispiels g) von S. 43 in die Gatterdarstellung.
b) Bei welchen Spannungsimpulsen am „Input" zu den Variablen a, b, c wird auch im „Output" der Gesamtschaltung Spannung liegen?
c) Wie Aufg. 3c).

III Boolesche Funktionen über $B = \{0, 1\}$

18 Boolesche Funktionen

❶ Wiederhole die Definition für die zweistelligen Funktionen (s. S. 5).

❷ Der Boolesche Term $f(x_1, x_2) = \overline{x_1\,\bar{x}_2 + \bar{x}_1\,x_2}$ ordnet jedem geordneten Paar $(x_1; x_2)$ über $B = \{0, 1\}$ eindeutig ein Element aus B zu. Bestimme $f(0, 0)$, $f(0, 1)$, $f(1, 0)$, $f(1, 1)$ mit dieser Termdarstellung einer „Booleschen Funktion".

❸ Durch die nebenstehende logische Schaltung wird dem Paar $(x_1; x_2)$ eindeutig die Ausgangsvariable y zugeordnet.

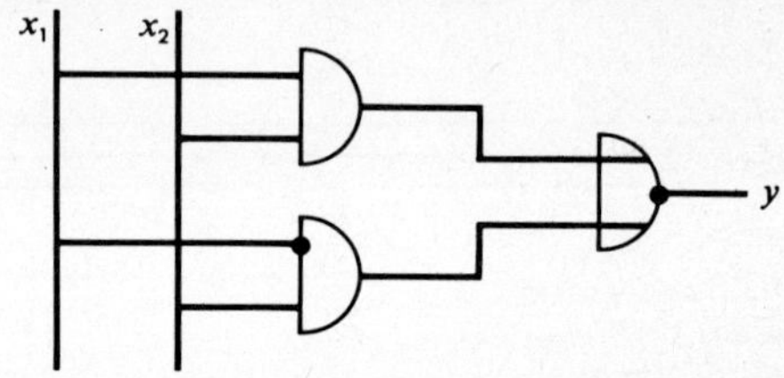

a) Bestimme mit einer Wertetafel durch Einsetzen in $(x_1; x_2)$ aus der Menge $B = \{0, 1\}$ die Werte für die Paare $(0; 0)$, $(0; 1)$, $(1; 0)$, $(1; 1)$.

b) Gib für diese Funktion eine Termdarstellung und bestimme damit die Funktionswerte $f(0, 0)$, $f(0, 1)$, $f(1, 0)$, $f(1,1)$.

❹ Das nebenstehende Mengendiagramm stellt eine zweistellige Boolesche Funktion dar über der „Trägermenge" $B = \{0, 1\}$.

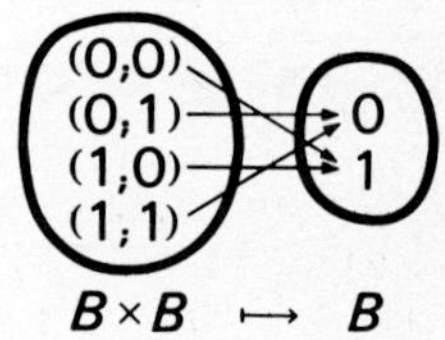

a) Suche $f(0, 0)$, $f(0, 1)$, $f(1, 0)$, $f(1, 1)$.

b) Stelle die Funktion mit einer Wertetafel dar.

c) Gib eine Termdarstellung dieser Funktion.

d) Entwirf eine Schaltung, die diese Boolesche Funktion darstellt.

Eine eindeutige Zuordnung aus einer Menge D in eine Menge W nennt man bekanntlich *Funktion* oder *Abbildung* und schreibt dafür auch $f\colon D \mapsto W$.

Dic geordneten Zahlenpaare, die in unseren Übungen auftreten, sind Elemente der Menge $B \times B$. Dadurch erhielten wir eindeutige Zuordnungen aus der Menge $B \times B$ in die Menge B, also Funktionen der Form $f\colon B \times B \mapsto B$. Auf diese wollen wir uns beschränken. Das sind zweistellige Funktionen über der sog. „Trägermenge" B. Nach § 13 ist B der kleinste nicht entartete Boolesche Verband, den es gibt.

> Wird jedem geordneten Paar $(x_1; x_2) \in B \times B$ eindeutig ein Element $f(x_1, x_2) \in B$ zugeordnet, dann heißt $f\colon (x_1, x_2) \mapsto f(x_1, x_2)$ eine zweistellige Boolesche Funktion über der Trägermenge $B = \{0, 1\}$.

Beispiel: Vier Darstellungen einer zweistelligen Booleschen Funktion über B

a) durch Wertetafel

x_1	x_2	$f(x_1, x_2)$
1	1	1
1	0	0
0	1	1
0	0	1

b) durch Mengendiagramm

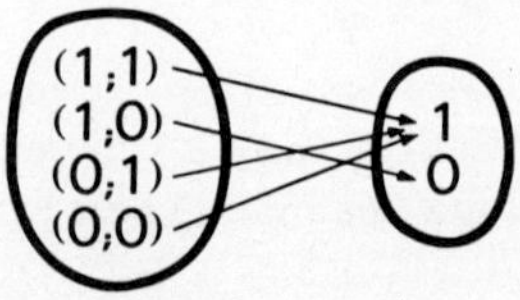

c) durch Schaltung

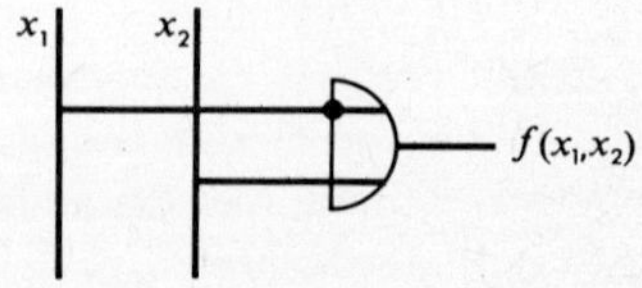

d) Durch Termdarstellung: Dabei gibt es mehrere Möglichkeiten, z. B. $(x_1, x_2) \mapsto x_2 + \bar{x}_1\bar{x}_2$, $(x_1, x_2) \mapsto x_1x_2 + \bar{x}_1x_2 + \bar{x}_1\bar{x}_2$. Einfachste Darstellung: $(x_1, x_2) \mapsto \bar{x}_1 + x_2$.

> Eine zweistellige Boolesche Funktion kann auf verschiedene Arten dargestellt werden, z. B. durch eine Wertetafel, mit einem Mengendiagramm, mit Booleschen Termen. Bei der Termdarstellung lassen sich durch Termumformungen mit den Sätzen der Booleschen Algebra mehrere äquivalente Terme angeben.

❺ Gegeben ist die Boolesche Funktion durch die nebenstehende Tabelle. Gib für diese Funktion eine Termdarstellung an.

x_1	x_2	$f(x_1, x_2)$
1	1	0
1	0	1
0	1	0
0	0	1

❻ Die nebenstehende Tabelle ist die Darstellung einer dreistelligen Funktion über der Trägermenge B mit $(x_1; x_2; x_3) \in B \times B \times B$; $f(x_1, x_2, x_3) \in B$. Zeige, daß $f(x_1, x_2, x_3) = (x_1 + \bar{x}_2)x_3$ eine Termdarstellung dieser Funktion ist.

x_1	x_2	x_3	$f(x_1, x_2, x_3)$
0	0	0	0
0	0	1	1
0	1	0	0
0	1	1	0
1	0	0	0
1	0	1	1
1	1	0	0
1	1	1	1

Damit ergibt sich eine *erste* Verallgemeinerung unserer Definition von S. 48:

> Wird jedem geordneten n-tupel $(x_1; x_2; \ldots; x_n) \in B \times B \times \ldots \times B = B^n$ eindeutig ein Element $f(x_1, x_2, \ldots, x_n) \in B$ zugeordnet, dann heißt $f: B \times B \times \ldots \times B \mapsto B$ eine n-stellige Boolesche Funktion über der Trägermenge $B = \{0, 1\}$. Weil B aus zwei Elementen besteht, nennt man diese Funktionen auch *binäre Funktionen.*

Aufgaben

1. Zeichne ein Mengendiagramm und gib eine Darstellung mit Wertetafel für
a) $x_1 \mapsto \bar{x}_1$ mit $x_1 \in B$ b) $x_1 \mapsto x_1 + \bar{x}_1$ mit $x_1 \in B$ c) $x_1 \mapsto x_1\bar{x}_1$; $x_1 \in B$.

2. Dasselbe für die folgenden binären Funktionen:
a) $(x_1, x_2) \mapsto \overline{x_1x_2}\bar{x}_2$ b) $(x_1, x_2) \mapsto \bar{x}_1\bar{x}_2$ c) $(x_1x_2) \mapsto (\overline{x_1 + x_2})$.

3. Dasselbe für folgende dreistellige Funktionen über B:
a) $(x_1, x_2, x_3) \mapsto (x_1 + x_2 + x_2x_3)\bar{x}_2$ b) $(x_1, x_2, x_3) \mapsto x_2(x_3 + \bar{x}_1) + \overline{x_1x_2x_3}$.

4. Entwirf für die Funktionen der Aufg. 1, 2, 3 Schaltungen in Gatterform.

5. Zu der nebenstehenden Schaltung ist die binäre Funktion in Termdarstellung und in Darstellung durch Wertetafel anzugeben.

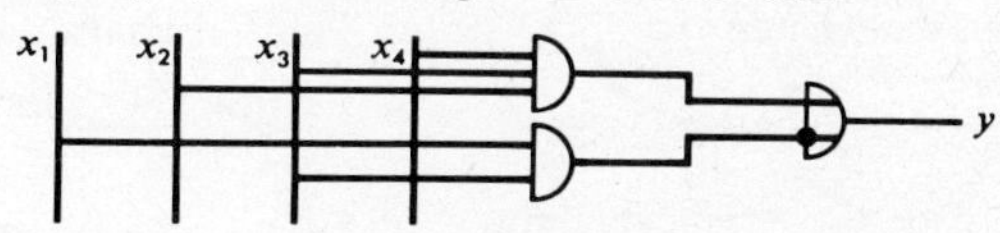

6. Über der Trägermenge $D = \{0, 2, 4, 6\}$ sei die Boolesche Funktion $f(x_1, x_2, x_3, x_4) = \overline{x_1x_2 + x_3\bar{x}_4}$ gegeben. Berechne die Funktionswerte
a) $f(0, 2, 4, 6)$ b) $f(2, 4, 6, 0)$ c) $f(0, 6, 4, 2)$ d) $f(2, 2, 2, 2)$ e) $f(4, 4, 2, 2)$.

❶ Zeichne Mengendiagramme für alle einstelligen binären Funktionen $x_1 \mapsto f_n(x_1)$.

Es gibt vier einstellige binäre Funktionen. $f_3(x_1)$ stellt das Komplement von x_1 dar. Im Modell der Aussagenlogik ist dies die Negation.

x_1	$f_1(x_1)$	$f_2(x_1)$	$f_3(x_1)$	$f_4(x_1)$
0	0	0	1	1
1	0	1	0	1

❷ Stelle alle zweistelligen binären Funktionen $B \times B \mapsto B$ zusammen. Welche lassen sich im Modell der Aussagenlogik deuten? Wie viele zweistelligen Funktionen gibt es?

x_1	x_2	$f_1(x_1, x_2)$	f_2	f_3	f_4	f_5	f_6	f_7	f_8	f_9	f_{10}	f_{11}	f_{12}	f_{13}	f_{14}	f_{15}	f_{16}
0	0	0	0	0	0	0	0	0	0	1	1	1	1	1	1	1	1
0	1	0	0	0	0	1	1	1	1	0	0	0	0	1	1	1	1
1	0	0	0	1	1	0	0	1	1	0	0	1	1	0	0	1	1
1	1	0	1	0	1	0	1	0	1	0	1	0	1	0	1	0	1

❸ Zeige, daß sich aus f_2, f_3, f_5, f_9 alle anderen 12 Funktionen herstellen lassen.

❹ Welche der 16 Funktionen entsprechen in der Aussagenlogik der Konjunktion, der Disjunktion, der Subjunktion, der Bijunktion, der Alternative, der NICHT-UND-(NAND)-Verknüpfung und der NICHT-ODER (NOR)-Verknüpfung?

❺ Wie lassen sich die Funktionen in ④ aus den Funktionen f_2, f_3, f_5, f_9 darstellen?

❻ Zeige, daß sich die 4 Funktionen f_2, f_3, f_5, f_9 ergeben zu $f_2(x_1, x_2) = x_1 x_2$; $f_3(x_1, x_2) = x_1 \bar{x}_2$; $f_5(x_1, x_2) = \bar{x}_1 x_2$; $f_9(x_1, x_2) = \bar{x}_1 \bar{x}_2$.

❼ Stelle f_2, f_3, f_5, f_9 von ⑥ durch Serienschaltungen dar und verwende diese als Grundschaltformen zu Schaltungen, die die Aussageverknüpfungen von ④ interpretieren.

> Alle 16 zweistelligen binären Funktionen lassen sich in Termform als Summe von Booleschen Termen, die je aus zwei Faktoren bestehen, darstellen.

Beispiel: $f_{14}(x_1, x_2) = f_9(x_1, x_2) + f_5(x_1, x_2) + f_2(x_1, x_2) = \bar{x}_1\bar{x}_2 + \bar{x}_1 x_2 + x_1 x_2$

$$= \bar{x}_1 \underbrace{(\bar{x}_2 + x_2)}_{1} + x_1 x_2 = \bar{x}_1 + x_1 x_2 = \underbrace{(\bar{x}_1 + x_1)}_{1} (\bar{x}_1 + x_2) = \bar{x}_1 + x_2.$$

Die Subjunktion $\bar{x}_1 + x_2$ läßt sich also schaltalgebraisch aus den Grundschaltbildern der Funktionen f_2, f_5, f_9 durch Parallelschaltung darstellen.

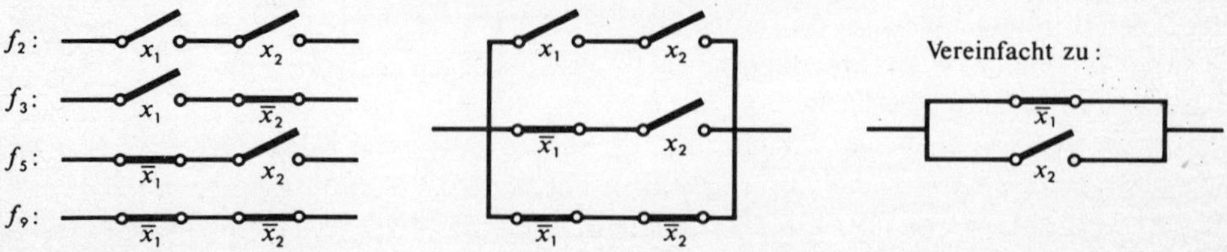

Jede Funktion f_1 bis f_{16} kann auf verschiedene Arten durch Boolesche Terme dargestellt werden.
Die Darstellung als Summe aus den Termen x_1x_2 oder $x_1\bar{x}_2$ oder $\bar{x}_1x_2$ oder $\bar{x}_1\bar{x}_2$ ist von besonderer Bedeutung, weil sich diese Darstellung auf alle binäre Funktionen erweitern läßt.

❽ Wie viele dreistellige binäre Funktionen $B \times B \times B \mapsto B$ gibt es? Zeige, daß die Menge $B \times B \times B$ acht 3-Tupel als Elemente hat und überlege wieviel Möglichkeiten es gibt, die Zeichen 0 und 1 als 8-Tupel anzuordnen.
Die Zahl der Anordnungen läßt sich erfassen, wenn man die 8-Tupel von 0000 0000 bis 1111 1111 anschreibt und die letzte Anordnung als Dualzahl deutet. Es ergibt sich so $2^7 + 2^6 + 2^5 + \ldots + 2^0 + 1 = 2^8 = 2^{(2^3)}$.

Allgemein gilt: Es gibt $2^{(2^n)}$ n-stellige binäre Funktionen.

Beispiel:

n	1	2	3	4	5
Anzahl der binären Funktionen	4	16	256	65536	4294967296

Aufgaben

1. Stelle wie im ersten Beispiel auch die Funktionen $f_1, f_4, f_6, f_7, f_8, f_{10}, f_{11}, f_{12}, f_{13}, f_{15}, f_{16}$ aus den Grundtermen für f_2, f_3, f_5, f_9 dar und zeichne Schaltbilder.

2. Überlege, ob es auch möglich ist, als Grundfunktionen Summen der Form $x_1 + x_2$, $\bar{x}_1 + x_2, \ldots$ zu verwenden und die Funktionen $f_1, \ldots, f_{16}$ als Produkte mit diesen Termen darzustellen.

3. a) Gegeben ist die binäre Funktion $f_1(x_1, x_2, x_3) = x_1\bar{x}_2x_3 + x_1x_2\bar{x}_3$.
Welche 3-Tupel haben den Funktionswert 0 und welche 1?
b) Dasselbe für $f_2(x_1, x_2, x_3) = (\bar{x}_1 + x_2 + x_3)(x_1 + x_2 + \bar{x}_3)$.

4. Vorgelegt ist die binäre Funktion $f(x_1, x_2) = (\bar{x}_1 + x_2)(\bar{x}_1 + \bar{x}_2)$.
a) Stelle die Funktion durch ihre Wertetafel dar.
b) Gib die Funktion in möglichst einfacher Termdarstellung an.

5. Gegeben ist die binäre Funktion $f(x_1, x_2, x_3) = \bar{x}_1 + \overline{x_1\,\bar{x}_2} \cdot \overline{x_1\,x_3}$.
a) Bestimme mit einer Wertetafel, die 3-Tupel, für die f den Wert 1 annimmt.
b) Zeige durch Umformung, daß sich f auf die folgende Form bringen läßt:
$f(x_1, x_2, x_3) = \bar{x}_1x_2x_3 + x_1x_2\bar{x}_3 + \bar{x}_1x_2\bar{x}_3 + \bar{x}_1\bar{x}_2x_3 + \bar{x}_1\bar{x}_2\bar{x}_3$.
Wie kann man jetzt leicht die Teilaufgabe a) beantworten?
c) Welcher Zusammenhang besteht zwischen der Wertetafel in a) und der Termdarstellung in b)?

6. Eine binäre Funktion heißt symmetrisch, wenn irgend eine Vertauschung der Variabeln keinen Einfluß auf den Funktionswert hat.
a) Wann sind die beiden binären Funktionen $(x_1, x_2) \mapsto f_1(x_1, x_2)$ und $(x_1, x_2) \mapsto f_2(x_1, x_2)$ symmetrisch?
b) Gib alle zweistelligen symmetrischen binären Funktionen an.
c) Entwirf für diese symmetrischen Funktionen Schaltungen.

20 Die disjunktive Normalform

❶ Stelle eine Wertetafel auf für die Boolesche Funktion $f(x_1, x_2) = \bar{x}_1\bar{x}_2 + x_1x_2$. In welchem Zusammenhang stehen Wertetafel und Termdarstellung von f? Wie kann man von der Wertetafel zur Termdarstellung kommen?

❷ Finde für die binäre Funktion, die durch die nebenstehende Wertetafel gegeben ist, eine Termdarstellung.
a) Welche Produktterme der Form $x_1x_2x_3$, $\bar{x}_1x_2x_3, \dots$ ergeben aufgrund der Tabelle den Funktionswert 1.
b) Zeige, daß $f(x_1, x_2, x_3) = \bar{x}_1\bar{x}_2\bar{x}_3 + \bar{x}_1x_2\bar{x}_3 + x_1x_2x_3$ Termdarstellung der binären Funktion ist.
c) Der Funktionswert von f kann nur 1 oder 0 sein. Zeige damit, daß für die Termdarstellung von f nur die Produktterme, die zum Funktionswert 1 führen, nötig sind.

x_1	x_2	x_3	$f(x_1, x_2, x_3)$
0	0	0	1
0	0	1	0
0	1	0	1
0	1	1	0
1	0	0	0
1	0	1	0
1	1	0	0
1	1	1	1

> Von einer n-stelligen Funktion, die mindestens einmal den Wert 1 annimmt, sagt man, sie sei in disjunktiver Normalform dargestellt, wenn diese Darstellung durch einen Booleschen Term der Form $T = t_1 + t_2 + \ldots + t_k$ erfolgt. Dabei ist jedes t_i ein Produkt, das jede Variable der Funktion oder deren Komplement genau einmal als Faktor enthält.

Beispiele von Funktionen in disjunktiver Normalform sind:
a) $f(x_1, x_2) = x_1x_2 + \bar{x}_1x_2 + \bar{x}_1\bar{x}_2$
b) $f(x_1, x_2, x_3) = \bar{x}_1x_2x_3 + x_1\bar{x}_2x_3 + x_1x_2\bar{x}_3 + x_1x_2x_3$.

Aus der Wertetafel einer binären Funktion erhält man die disjunktive Normalform dieser Funktion, indem man
1. die Zeilen mit dem Funktionswert 1 feststellt,
2. für jede Zeile das Produkt $x_1x_2 \cdots x_n$ derart anschreibt, daß für den Argumentwert 0 das dazugehörige x_i überstrichen wird,
3. die so gewonnenen Konjunktionen mit plus verbindet.

Da dies nur auf eine Weise möglich ist, gilt:

> Jede binäre Funktion, die nicht nur die Funktionswerte 0 hat, läßt sich eindeutig in disjunktiver Normalform anschreiben.

Beispiel c): Die nebenstehende Wertetafel der Subjunktion hat als disjunktive Normalform
$f(x_1, x_2) = \bar{x}_1\bar{x}_2 + \bar{x}_1x_2 + x_1x_2$.

x_1	x_2	$f(x_1, x_2)$
0	0	L
0	L	L
L	0	0
L	L	L

Äquivalente Umformung ergibt:

$$\bar{x}_1\bar{x}_2 + \bar{x}_1x_2 + x_1x_2 = \bar{x}_1(\bar{x}_2 + x_2) + x_1x_2$$
$$= (\bar{x}_1 + x_1)(\bar{x}_1 + x_2)$$
$$= \bar{x}_1 + x_2$$

Beispiel d): Die nebenstehende Wertetafel stellt zwei binäre Funktionen S und U dar. Mit den 3 obigen Regeln ergeben sich für S und U zwei Termdarstellungen:

x_1	x_2	x_3	$S(x_1, x_2, x_3)$	$U(x_1, x_2, x_3)$
0	0	0	0	0
0	0	1	1	0
0	1	0	1	0
0	1	1	0	1
1	0	0	1	0
1	0	1	0	1
1	1	0	0	1
1	1	1	1	1

$$S(x_1, x_2, x_3) = \bar{x}_1\bar{x}_2x_3 + \bar{x}_1x_2\bar{x}_3 + x_1\bar{x}_2\bar{x}_3 + \\ + x_1x_2x_3$$

$$U(x_1, x_2, x_3) = \bar{x}_1x_2x_3 + x_1\bar{x}_2x_3 + x_1x_2\bar{x}_3 + \\ + x_2x_2x_3$$

Diese Darstellungen sind wichtig für Aufg. 2 von S. 59.

Beispiel e): Die Boolesche Funktion $f(x_1, x_2, x_3) = \overline{x_1\bar{x}_2 + x_1x_3}$ soll in die disjunktive Normalform übergeführt werden (vgl. auch Aufg. 5 von S. 51).

(1) Alle mehrstelligen Komplemente werden nach den Regeln von De Morgan umgeformt:

$$f(x_1, x_2, x_3) = \overline{x_1\bar{x}_2} \cdot \overline{x_1x_3} = (\bar{x}_1 + x_2)(\bar{x}_1 + \bar{x}_3)$$

(2) Mit Hilfe der Distributivgesetze wird:

$$f(x_1, x_2, x_3) = \bar{x}_1 + x_2\bar{x}_3.$$

(3) Damit Produkte aus drei Faktoren entstehen, werden neutrale Faktoren $(x_1 + \bar{x}_1)$, $(x_2 + \bar{x}_2)$, $(x_3 + \bar{x}_3)$ je nach Bedarf angefügt:

$$\begin{aligned} f(x_1, x_2, x_3) &= \bar{x}_1(x_2 + \bar{x}_2)(x_3 + \bar{x}_3) + (x_1 + \bar{x}_1)\,x_2\bar{x}_3 \\ &= \bar{x}_1x_2x_3 + \bar{x}_1x_2\bar{x}_3 + \bar{x}_1\bar{x}_2x_3 + \bar{x}_1\bar{x}_2\bar{x}_3 + x_1x_2\bar{x}_3 + \bar{x}_1x_2\bar{x}_3 \\ &= \bar{x}_1x_2x_3 + \bar{x}_1x_2\bar{x}_3 + \bar{x}_1\bar{x}_2x_3 + \bar{x}_1\bar{x}_2\bar{x}_3 + x_1x_2\bar{x}_3. \end{aligned}$$

Die Beispiele zeigen:

> Jede durch eine Wertetafel gegebene Boolesche Funktion läßt sich mit Hilfe der disjunktiven Normalform in eine Termdarstellung überführen. Auch jede in irgendeiner Termdarstellung gegebene Funktion läßt sich in die disjunktive Normalform bringen.

Bemerkung: Damit ist gezeigt, daß sich jede Boolesche Funktion, auch die durch eine *Wertetafel* gegebene, durch Boolesche Terme darstellen läßt. Auf diese Terme lassen sich dann die Umformungsregeln der Booleschen Algebra anwenden.

Weil Aussagenalgebra und Schaltalgebra Modelle der Booleschen Algebra sind, lassen sich die gewonnenen Umformungsmöglichkeiten auch auf Aussagen- und Schalterverknüpfungen anwenden. Wegen der Isomorphie von Aussagenalgebra und Schaltalgebra ist es immer möglich, Aussagenverknüpfungen durch entsprechende Schalterverknüpfungen zu ersetzen und umgekehrt. Dadurch lassen sich Aussagenprobleme durch Schaltungen lösen, aber auch kompliziertere Schaltungen auf dem Weg über Termumformungen vereinfachen. Wird die zu einer Schaltung gehörende Boolesche Funktion in die disjunktive Normalform gebracht, dann läßt sich leicht feststellen, für welche Leitwerte der Einzelschalter die Schaltung den Leitwert 1 hat.

Beispiel f): Für die nebenstehende Schaltung sind x_1, x_2, x_3 so zu bestimmen, daß die Schaltung den Leitwert 1 hat.

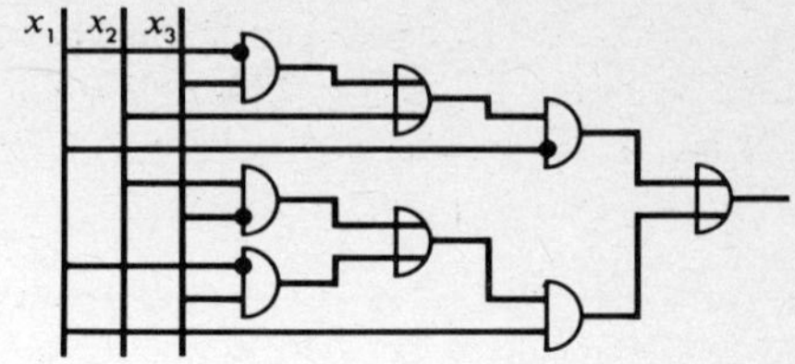

Aus dem Schaltbild folgt:

$f(x_1, x_2, x_3) = (\bar{x}_1 x_3 + x_2)\, \bar{x}_1 + x_1\, (x_2 \bar{x}_3 + \bar{x}_1 x_3)$

Umformungen in die disjunktive Normalform:

$$
\begin{aligned}
f(x_1, x_2, x_3) &= \bar{x}_1 x_3 + \bar{x}_1 x_2 + x_1 x_2 \bar{x}_3 + x_1 \bar{x}_1 x_3 \\
&= \bar{x}_1 x_3 + \bar{x}_1 x_2 + x_1 x_2 \bar{x}_3 \\
&= \bar{x}_1 (x_2 + \bar{x}_2)\, x_3 + \bar{x}_1 x_2 (x_3 + \bar{x}_3) + x_1 x_2 \bar{x}_3 \\
&= \bar{x}_1 x_2 x_3 + \bar{x}_1 \bar{x}_2 x_3 + \bar{x}_1 x_2 x_3 + \bar{x}_1 x_2 \bar{x}_3 + x_1 x_2 \bar{x}_3 \\
&= \bar{x}_1 x_2 x_3 + \bar{x}_1 \bar{x}_2 x_3 + \bar{x}_1 x_2 \bar{x}_3 + x_1 x_2 \bar{x}_3
\end{aligned}
$$

Es ergibt sich: Die Schaltung hat den Leitwert 1 für die vier Wertetripel (0; 1; 1), (0; 0; 1), (0; 1; 0) und (1; 1; 0).

Beispiel g): Drei Personen A, B, C eines Ausschusses wollen mit Hilfe einer Schaltung eine geheime Mehrheitswahl durchführen. Ein Schaltkreis ist zu entwerfen, bei dem jedes Ausschußmitglied durch einen Knopfdruck sein „Ja" bekundet und ein Signallicht aufleuchtet, wenn die Mehrheit mit „Ja" gestimmt hat.

Aufstellen der Wertetafel:

x_1 bedeute: A drückt den Schalter.
x_2 bedeute: B drückt den Schalter.
x_3 bedeute: C drückt den Schalter.
Die nebenstehende Wahrheitstafel ordnet den Variablen x_1, x_2, x_3 das Aufleuchten des Signallichtes zu.

x_1	x_2	x_3	$f(x_1, x_2, x_3)$
0	0	0	0
0	0	1	0
0	1	0	0
0	1	1	1
1	0	0	0
1	0	1	1
1	1	0	1
1	1	1	1

Die *disjunktive Normalform* lautet:

$f(x_1, x_2, x_3) = \bar{x}_1 x_2 x_3 + x_1 \bar{x}_2 x_3 + x_1 x_2 \bar{x}_3 + x_1 x_2 x_3$

Termumformung zur Vereinfachung:

$$
\begin{aligned}
f(x_1, x_2, x_3) &= x_3 (\bar{x}_1 x_2 + x_1 \bar{x}_2 + x_1 x_2) + x_1 x_2 \bar{x}_3 \\
&= x_3 (x_2 + x_1 \bar{x}_2) + x_1 x_2 \bar{x}_3 = x_3 (x_2 + x_1) + x_1 x_2 \bar{x}_3 \\
&= x_2 x_3 + x_3 x_1 + x_1 x_2 \bar{x}_3 = x_2 x_3 + x_1 (x_3 + x_2 \bar{x}_3) \\
&= x_2 x_3 + x_1 (x_2 + x_3) = x_2 x_3 + x_1 x_2 + x_1 x_3 = x_2 x_3 + x_1 (x_2 + x_3)
\end{aligned}
$$

Aufbau der Schaltung:

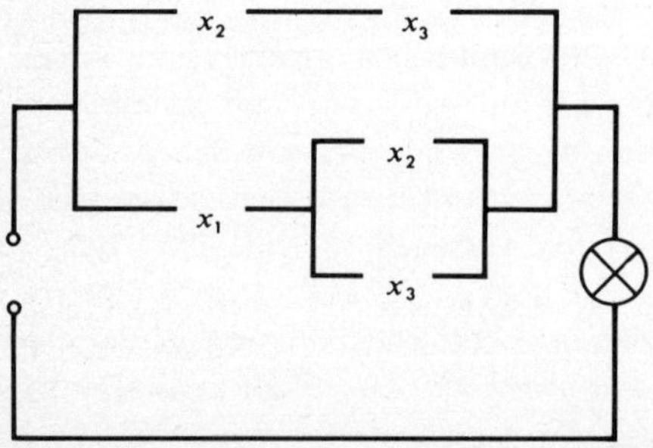

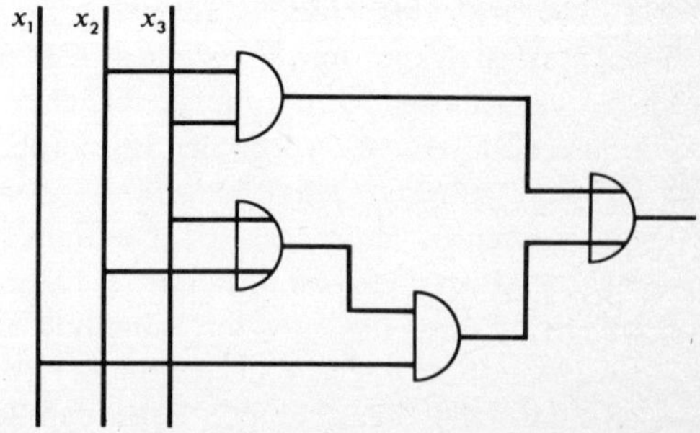

Aufgaben

1. Durch die nebenstehende Wertetafel sind binäre Funktionen $g_1, \ldots, g_4$ gegeben. Für diese Funktionen sollen die disjunktiven Normalformen aufgestellt und dann in möglichst einfache Form gebracht werden. Entwirf eine möglichst einfache Schaltung.

x_1	x_2	x_3	g_1	g_2	g_3	g_4
0	0	0	1	0	1	0
0	0	1	1	0	0	0
0	1	0	0	1	0	1
0	1	1	0	1	1	1
1	0	0	0	0	1	0
1	0	1	0	1	0	0
1	1	0	0	0	0	0
1	1	1	1	1	1	1

2. Von einer binären 3stelligen Funktion weiß man, daß sie den Funktionswert 1 hat, wenn die Summe der Indizes von x_1, x_2, x_3 genau 3 (kleiner 3) ist. Die disjunktive Normalform soll aufgestellt und vereinfacht werden.

3. Ein Ausschuß hat 5 Mitglieder. Die Entschlüsse werden mit einfacher Mehrheit gefällt, der Vorsitzende hat aber ein Vetorecht. Entwirf eine Schaltung, mit deren Hilfe jedes Mitglied für eine Maßnahme stimmen kann, indem es einen Knopf drückt. Eine Glühlampe leuchtet nur dann auf, wenn die Maßnahme gutgeheißen wird.

4. Bringe folgende binäre Funktionen in die disjunktive Normalform.

a) $f(x_1, x_2, x_3) = \bar{x}_1 x_3 + x_2$ b) $g(x_1, x_2, x_3) = x_1\bar{x}_3 + x_1(x_2 + x_3)$

c) $h(x_1, x_2, x_3, x_4) = x_1 x_3 + x_2 x_4$ d) $k(x_1, x_2, x_3, x_4) = x_1\bar{x}_2 x_3 + \overline{x_1 + x_2 + x_4}$

e) $t(x_1, x_2, x_3) = (x_1 x_3 + \bar{x}_1\bar{x}_3)(x_2\bar{x}_3 + \bar{x}_2 x_3)(\bar{x}_1 + x_2)$

5. Entwirf eine Schaltung in Gattertechnik für die 4stellige binäre Funktion, die nur für die Argumente (0, 0, 1, 0), (0, 1, 1, 0), (1, 1, 0, 1) den Funktionswert 1 hat.

6. Gegeben ist die binäre Funktion $f(x_1, x_2, x_3) = (x_1 + x_2)(\bar{x}_1 + \bar{x}_2 + \bar{x}_3)(\bar{x}_3 x_1 + \bar{x}_2)$. Gib die disjunktive Normalform von f an und stelle fest für welche 3-Tupel f den Funktionswert 1 hat.

7. Gegeben ist die Funktion von Aufg. 4e). Stelle fest, für welche 3-Tupel t den Funktionswert 1 hat.

8. a) Die Glühlampe G in einem Schlafzimmer soll von zwei Schaltern s_1 und s_2 bedient werden, so daß jede Schalterbetätigung den Zustand der Lampe ändert. Gib eine Wertetafel für die Leitwerte der Schalter und die Schaltung an (Wechselschaltung).

b) Bearbeite die Aufgabe für drei Wechselschalter.

9. In § 24 werden wir auf Fragen stoßen, wo für eine Variable nicht alle Kombinationen der Eingangswerte auftreten. Es gibt dann mehrere binäre Funktionen, und es ist sinnvoll, die mit dem einfachsten Term zu suchen. Für die nebenstehende Wertetafel sollen die nicht vorgegebenen Funktionswerte für f_1, f_2, f_3 so ausgewählt werden, daß jeweils eine möglichst einfache Termdarstellung entsteht.

x_1	x_2	x_3	f_1	f_2	f_3
0	0	0	1	0	0
0	0	1	1	–	–
0	1	0	0	1	–
0	1	1	–	–	0
1	0	0	0	0	0
1	0	1	–	0	0
1	1	0	0	–	1
1	1	1	1	1	1

(Anleitung: Termumformungen so durchführen, daß Faktoren $(x_i + \bar{x}_i)$ auftreten.)

❶ Elektronische Rechenanlagen arbeiten im Zweiersystem (oder einem entsprechenden System). Schreibe und berechne 12 + 7 im Dualsystem.

❷ Welches sind die Grundverknüpfungen, die in ① auftreten? Stelle das „Eins-und-Eins" für diese Addition in einer Tabelle zusammen. Welche Besonderheit muß dabei berücksichtigt werden?

Der einfachste Fall ist die Addition zweier einstelliger Dualzahlen:

0 + 0 = 0   L + 0 = L
0 + L = L   L + L = L0

❸ Entwirf eine Schaltung, die zu den zwei Eingängen x_1, x_2 die zwei Ausgänge s und $ü$ gibt. s sei die Summe, $ü$ der Übertrag im Falle L + L. x_1 und x_2 sind die beiden zu addierenden Dualzahlen.
Gib die Funktionen $s(x_1, x_2)$ und $ü(x_1, x_2)$ in Termform an und zeichne ein Schaltbild in Gatterdarstellung.

x_1	x_2	$ü(x_1, x_2)$	$s(x_1, x_2)$
0	0	0	0
0	L	0	L
L	0	0	L
L	L	L	0

In der Rechenschaltungstechnik sucht man nach Schaltungen, die möglichst wenig UND- und ODER-Glieder benötigen. Deshalb formt man $s(x_1, x_2)$ um:

$$\begin{aligned} s(x_1, x_2) &= \bar{x}_1 x_2 + x_1 \bar{x}_2 \\ &= (\bar{x}_1 + x_1)\,(x_1 + x_2)\,(\bar{x}_1 + \bar{x}_2)\,(x_2 + \bar{x}_2) \\ &= (x_1 + x_2)\,(\bar{x}_1 + \bar{x}_2) \\ &= (x_1 + x_2)\,\overline{x_1 x_2} \end{aligned}$$

$$ü(x_1, x_2) = x_1 x_2$$

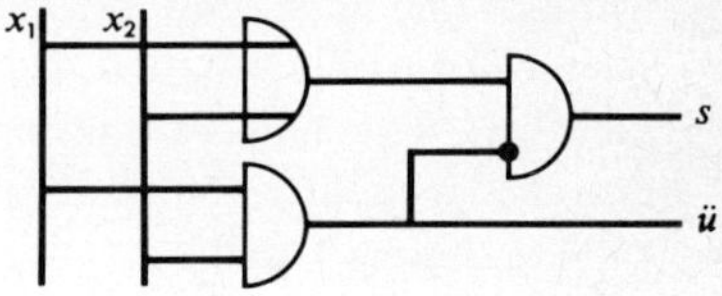

Man braucht für die Schaltung des Halbaddierers 2 UND-Glieder und 1 ODER-Glied. Man erkennt, daß in dieser Schaltung gegenüber der in ③ gefundenen ein Schaltglied eingespart worden ist.

> Eine Schaltung, mit der man in der Lage ist, zwei einstellige Dualzahlen so zu addieren, daß sich Summe und Übertrag zur nächsten Stelle ergibt, heißt *Halbaddierer*.
> Für den Halbaddierer verwendet man das nebenstehende Symbol mit $s = \bar{x}_1 x_2 + x_1 \bar{x}_2$ und $ü = x_1 x_2$.

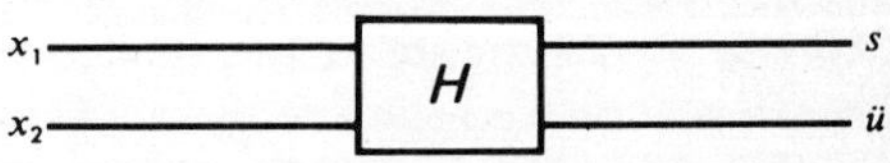

Beispiel: Am Eingang eines Halbaddierers liege x_3 und $\bar{x}_1 x_2 + x_1 \bar{x}_2$, dann ergibt sich am Ausgang

$$\begin{aligned} S(x_3; \bar{x}_1 x_2 + x_1 \bar{x}_2) &= \bar{x}_3(\bar{x}_1 x_2 + x_1 \bar{x}_2) + x_3(\overline{\bar{x}_1 x_2 + x_1 \bar{x}_2}) \\ &= \bar{x}_3(\bar{x}_1 x_2 + x_1 \bar{x}_2) + x_3 \overline{\bar{x}_1 x_2} \cdot \overline{x_1 \bar{x}_2} \\ &= \bar{x}_3(\bar{x}_1 x_2 + x_1 \bar{x}_2) + x_3(x_1 + \bar{x}_2)\,(\bar{x}_1 + x_2) \\ &= \bar{x}_3(\bar{x}_1 x_2 + x_1 \bar{x}_2) + x_3(\bar{x}_1 \bar{x}_2 + x_1 x_2) \end{aligned}$$

$Ü(x_3; \bar{x}_1 x_2 + x_1 \bar{x}_2) = x_3(\bar{x}_1 x_2 + x_1 \bar{x}_2)$. Umformung wichtig für Aufg. 2, S. 59.

Der Halbaddierer reicht im allgemeinen nur für die Addition der ersten Dualzahlstelle. Bei allen anderen Dualzahlstellen kann dazu noch der Übertrag aus der vorhergehenden Dualzahlstelle auftreten. Der Halbaddierer muß zum „Volladdierer" erweitert werden.

Aufgaben

1. Welche Schaltglieder werden beim Halbaddierer durch die Termumformung von $s(x_1, x_2)$ eingespart?

2. a) Zeichne zu dem nebenstehend gezeichneten Schaltbild eine Schaltung mit Gattersymbolen.

b) Stelle Wertetafeln für die Funktionen f_1 und f_2 auf.

c) Gib für $f_1(x_1, x_2, x_3)$ und $f_2(x_1, x_2, x_3)$ eine Termdarstellung an.

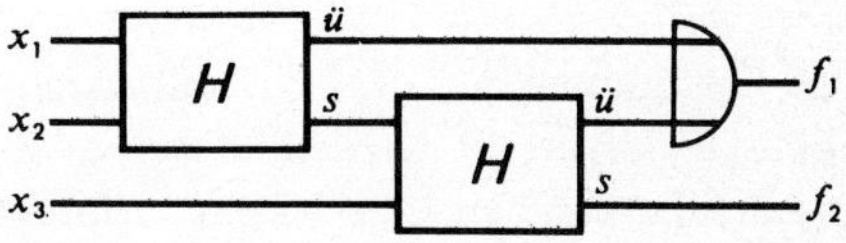

3. a) Entwirf einen Halbsubtrahierer nach der Subtraktionstabelle.

b) Zeige: Es ist $d(x_1, x_2) = x_1\bar{x}_2 + \bar{x}_1 x_2$; $e(x_1, x_2) = \bar{x}_1 x_2$.

c) Zeichne ein Schaltbild im Gattermodell.

Minuend x_1	Subtrahend x_2	Differenz $d(x_1, x_2)$	Borgziffer $e(x_1, x_2)$
0	0	0	0
0	1	1	1
1	0	1	0
1	1	0	0

4. Für einen Multiplizierer gilt für einstellige Dualzahlen die nebenstehende Multiplikationstafel:
Stelle für p eine Boolesche Funktion auf.

Multiplikand x_1	Multiplikator x_2	Produkt $p(x_1, x_2)$
0	0	0
0	1	0
1	0	0
1	1	1

5. Ein Gatter sei nach nebenstehender Schaltung aus ODER- und NICHT-Gliedern aufgebaut. An den Eingängen s und r können die Werte L und 0 „eingeschrieben" werden, x und y sind die Ausgänge.

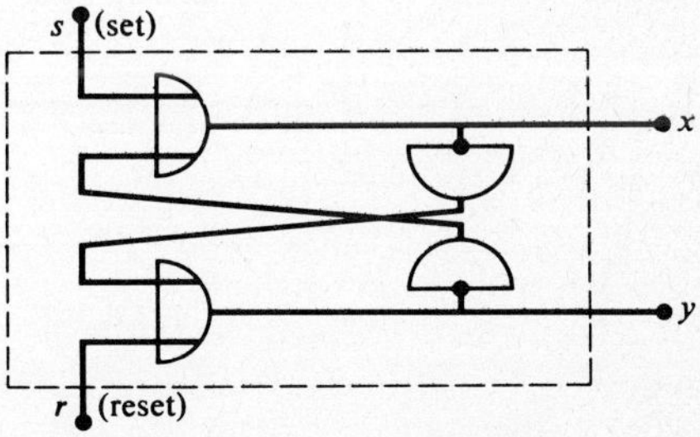

a) Zeige, daß für $s = \mathrm{L}$ und $r = 0$ immer $x = \mathrm{L}$ ist.

b) Begründe: Wird anschließend $s = 0$ und ist nach wie vor $r = 0$, dann bleibt $x = \mathrm{L}$ unverändert. L ist „gespeichert".

c) Wird daraufhin $s = 0$, aber $r = \mathrm{L}$, dann wird $x = 0$. Warum?

d) Zeige, daß in jedem Fall $y = \bar{x}$ ist.

Wegen der Eigenschaft, einen eingeschriebenen Wert solange festzuhalten bis ein anderer Wert eingeschrieben wird, heißt ein solches Glied *Speicherglied.*

❶ Wieviel einstellige Dualzahlen muß man bei der Berechnung von LLOL + LOLL addieren können? Warum reicht ein Halbaddierer nicht?

❷ Stelle in einer Tabelle alle Fälle zusammen, die bei der Addition zweier einstelliger Dualzahlen auftreten, wenn auch ein eventueller Übertrag von der vorhergehenden Stelle berücksichtigt werden soll.

❸ Die Summe L + L + L soll durch Hintereinanderschalten von Halbaddierern symbolisch dargestellt werden. Beachte: Zu (L + L) muß noch L zugefügt werden. Wie muß man mit den Überträgen verfahren? Vergleiche mit L + 0 + L.

> Eine Schaltung, die zwei einstellige Dualzahlen mit dem Übertrag aus der vorhergehenden Stelle addiert und außer der Spaltensumme S den neuen Übertrag $Ü$ liefert, heißt *Volladdierer*.

Aus ③ ergibt sich für die Addition der drei Summanden x_1, x_2, x_3 das nebenstehende Schema:

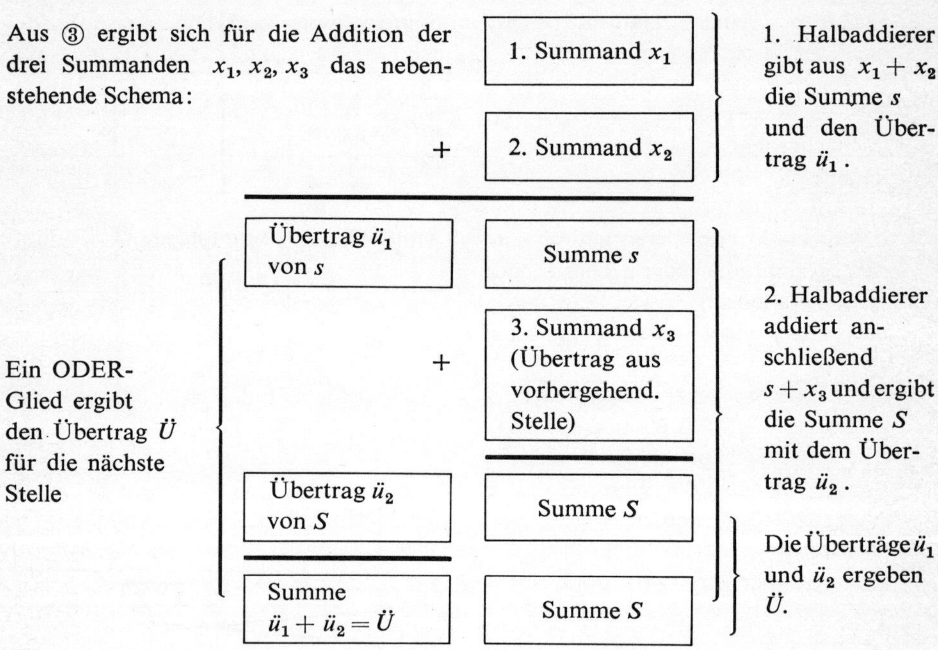

❹ Setze in das obige Schema die in ② zusammengestellten acht Möglichkeiten ein und zeige, daß dieses Dreischrittverfahren für alle acht Fälle das richtige Ergebnis liefert. Zeige, daß $ü_1$ und $ü_2$ nie zugleich die Zahl L annehmen können.

❺ Stelle das Dreischrittverfahren des Schemas mit 2 Halbaddierern und einem ODER-Glied unter der Verwendung der Symbole für den Halbaddierer und das ODER-Glied in einer Zeichnung dar.

2 Halbaddierer und 1 ODER-Glied lassen sich nach der nebenstehenden Schaltung zu einem *Volladdierer* zusammensetzen, der 2 einstellige Dualzahlen und den Übertrag aus der vorhergehenden Stelle addiert und den neuen Übertrag liefert.

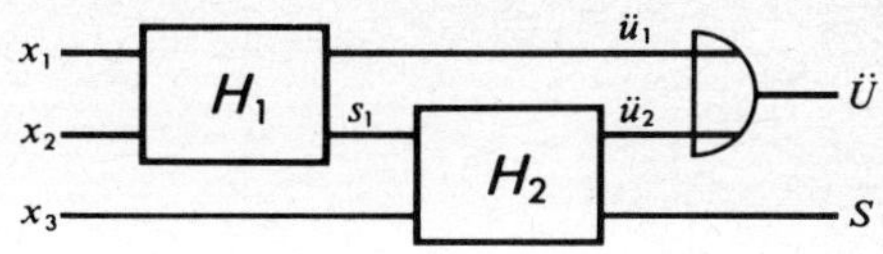

Als Symbol für den Volladdierer verwenden wir:

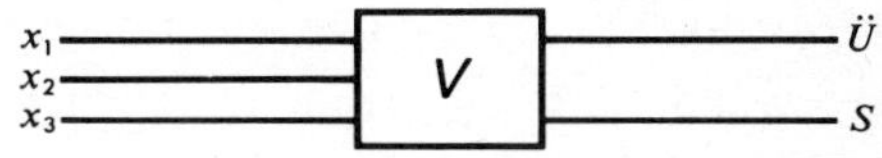

Aufgaben

1. Entwirf in Gattertechnik die Schaltung eines Volladdierers, so daß nur UND- und ODER-Gatter mit ihren Negationen auftreten.

2. a) Stelle für den Volladdierer die Funktionen $(x_1, x_2, x_3) \mapsto S(x_1, x_2, x_3)$ und $(x_1, x_2, x_3) \mapsto Ü(x_1, x_2, x_3)$ in Form einer Wertetafel auf.

x_1, x_2 seien die beiden Summanden, x_3 der Übertrag von der vorhergehenden Stelle.

b) Gib mit Hilfe der disjunktiven Normalform diese Funktionen je in einer Termdarstellung.

c) Zeige durch Termumformungen, daß sie sich auf die Form

$S(x_1, x_2, x_3) = \bar{x}_3(\bar{x}_1 x_2 + x_1\bar{x}_2) + x_3(\bar{x}_1\bar{x}_2 + x_1 x_2)$

$Ü(x_1, x_2, x_3) = x_3(\bar{x}_1 x_2 + x_1\bar{x}_2) + x_1 x_2(x_3 + \bar{x}_3)$ bringen lassen.

Bestätige durch Einsetzen der Halbaddiererterme *ü* und *s*, daß die Schaltung des Volladdierers aus zwei Halbaddierern und einem ODER-Glied besteht (vgl. das Beispiel auf S. 56).

3. Entwirf durch Zusammenschalten von *H*- und *V*-Gliedern eine Maschine die zwei zweistellige Dualzahlen addiert. Wieviel Halbaddierer und Volladdierer sind nötig?

4. Für einen „Vollsubtrahierer“ gilt unter Berücksichtigung der Borgziffer folgende Subtraktionstabelle:

Minuend x_1	Subtrahend x_2	Borgziffer aus der vorhergehenden Dualstelle x_3	Differenz $d(x_1, x_2, x_3)$	Borgen aus nachfolgender Dualstelle $e(x_1, x_2, x_3)$
0	0	0	0	0
0	0	1	1	1
0	1	0	1	1
0	1	1	0	1
1	0	0	1	0
1	0	1	0	0
1	1	0	0	0
1	1	1	1	1

a) Stelle die Funktionen *d* und *e* in disjunktiver Normalform dar.

b) Zeichne einen Plan für einen Vollsubtrahierer in Gattertechnik.

Paralleladdierwerk

❶ Entwirf einen Addierer für die Addition zweier zweistelliger Dualzahlen.
a) Zeichne ein Schaltbild und verwende dazu nur UND-, ODER- und NICHT-Glieder.
b) Vereinfache die Schaltung durch Benützung der Gatter H und V (vgl. S. 56 und 59).

❷ a) Zeige am Beispiel LL0 + L0L, daß die nebenstehende Schaltung sich zur Addition zweier dreistelliger Dualzahlen eignet.
b) Wieviel UND- bzw. ODER-Glieder benötigt man zu dieser Schaltung?

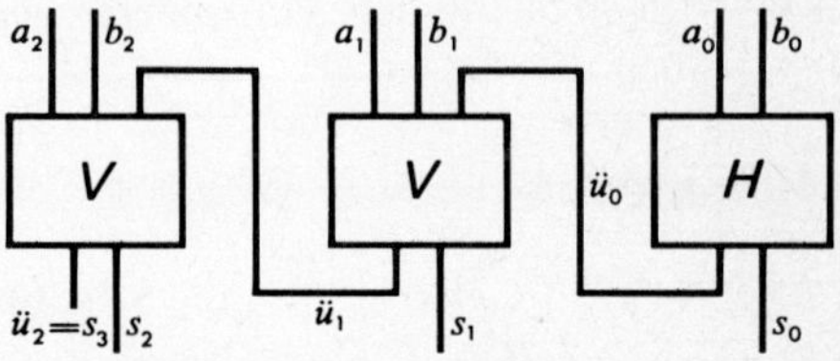

Durch Zusammenschalten von $n-1$ Volladdierern und einem Halbaddierer lassen sich zwei n-stellige Dualzahlen addieren. Da alle n Dualzahlen gleichzeitig addiert werden, heißt dieses Verfahren *Paralleladdierwerk*.

Bei jeder Rechenmaschine beginnt eine Addition damit, daß man die Summanden eingibt, d.h. in einem Speicher festhält. Für einen elektrisch arbeitenden Computer gibt es Speicherglieder, die mit Hilfe der Halbleitertechnik die Dualzahlen 0 bzw. L festhalten, vgl. Aufg. 5 v. S. 57. Sie werden durch das nebenstehende Symbol gekennzeichnet. Ein solches Glied speichert die Zahl L, wenn man an den Eingang S (set) eine Spannung, etwa 12 V, legt. Man sagt: Die Zahl L ist „eingeschrieben" worden. Wird dagegen die Spannung an R (reset) gelegt, dann wird 0 eingeschrieben. Die Speicherwerte bleiben auch erhalten, wenn die Zuleitung unterbrochen wird.

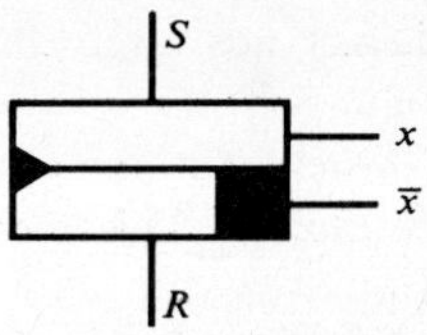

Zur Speicherung einer n-stelligen Dualzahl braucht man n zusammengehörige Speicherglieder, ein sog. *Register*. Die Zahl der Speicherglieder eines Registers heißt die *Wortlänge* eines Registers und wird in der Einheit *bit* angegeben.

Beispiel: Das Register für eine 4stellige Dualzahl hat die Wortlänge 4 bit.

❸ Zeige, wie man mit der nebenstehenden Schaltung zwei dreistellige Dualzahlen addieren kann.
Wie muß man Spannung anlegen für die Addition LL0 + L0L?

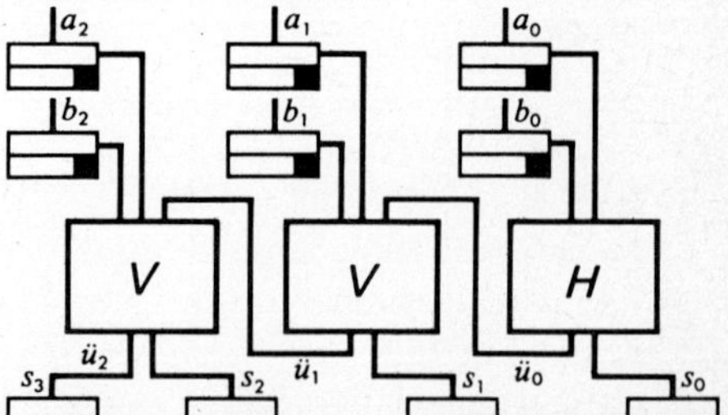

Serienaddierwerk

❹ Addiere schriftlich LL0 + L0L. Gib für die Addition die Teilschritte an und entwirf ein Flußdiagramm.

Wir addieren nicht parallel, sondern die einzelnen Stellen nacheinander.

❺ Zeige, daß man mit einem Volladdierer auskommt, dem man nacheinander die einzelnen Dualstellen und die entsprechenden Überträge zuführt, und stelle ein Flußdiagramm auf.

Addierwerke, die nacheinander die einzelnen Dualstellen mit einem Volladdierer addieren, heißen *Serienaddierer.*

Technische Bemerkung:
Damit der Rechenvorgang automatisch abläuft, sind noch ein *Taktgeber*, ein *Schieberegister* und ein „*Endstop*" (*Dualzähler*) nötig, deren elektrischer Aufbau hier nicht dargestellt werden kann.

Der Taktgeber gibt Spannungsimpulse, die den Arbeitsablauf bestimmen. Jeder Impuls leitet einen Vorgang ein, z.B. werden die einzelnen Zahlen vom Register im Takt an das Addierwerk gegeben. Damit dies stellenrichtig geschieht, schiebt das Register die Zahlen in der Frequenz des Taktgebers von links nach rechts dem Addierwerk zu. Ein solches Register heißt Schieberegister. Wenn die letzte Dualstelle „durch das Addierwerk geschoben" worden ist, hält der Taktgeber an. Das geschieht durch einen „Endstop", der die einzelnen Additionen zählt und nach der letzten Addition abschaltet (Dualzähler).

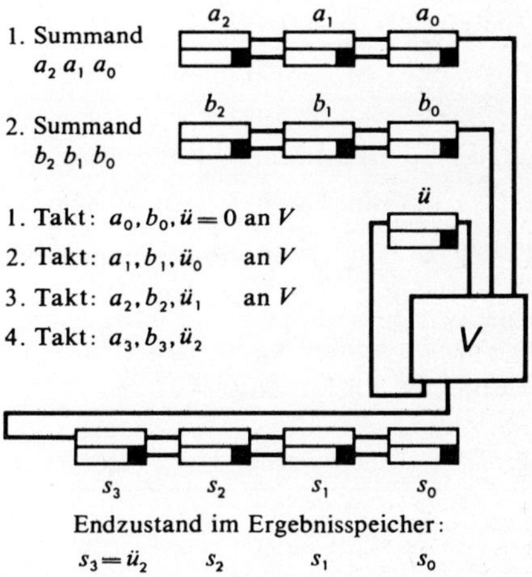

Aufgaben

1. Entwirf ein Paralleladdierwerk zur Addition von zwei vierstelligen Dualzahlen bei alleiniger Verwendung von a) ODER-Gattern und UND-Gattern b) Halbaddierern c) Halb- und Volladdierern.
2. Wieviel Volladdierer und Halbaddierer benötigt man zum Bau einer Maschine zur Addition 5stelliger (6-, 8-, 12-, 20stelliger) Dualzahlen?
3. Wieviel „UND"- und „ODER"-Glieder benötigt man zum Bau der in Aufg. 2 erforderlichen Halb- und Volladdierer für jeweils eine Maschine?
4. Führe Kurzsymbole („Gatter") für Halb- und Vollsubtrahierer ein und entwirf eine Subtraktionsmaschine für dreiziffrige Dualzahlen.
5. Entwirf eine Multipliziermaschine, wenn der Multiplikand 2- (3-, 4-)stellig und der Multiplikator 2- (3-, 4-)stellig ist.

Elektronische Rechner („Computer") können nur Zahlen 0 und L verarbeiten. Deshalb muß man die Dezimalzahlen vor der Eingabe in die Zeichen 0, L umsetzen (codieren).

❶ Welche naheliegende Möglichkeit gibt es, Zahlen durch die zwei Zeichen 0 und L darzustellen?

❷ Es ist zweckmäßig, statt Zahlen die Ziffern 0 bis 9 zu verschlüsseln. Wieviel Zeichen 0 und L muß man mindestens aneinanderreihen, wenn man die Ziffern 0 bis 9 im Dualsystem anschreiben will? Verschlüssele die zehn Ziffern.

❸ Warum kommt man nicht mit 3 Zeichen für die Codierung der Ziffern 0 bis 9 aus?

Zur Verschlüsselung (Codierung) der zehn Ziffern 0, 1, ..., 9 verwendet man für jede Ziffer vier Binärzeichen. Bei der Verschlüsselung der Dezimalziffern durch die ihnen entsprechenden vierstelligen Dualzahlen kommt man zu folgender Zuordnung:

Ziffer	0	1	2	3	4	5	6	7	8	9
Binärcode	0000	000L	00L0	00LL	0L00	0L0L	0LL0	0LLL	L000	L00L

Beispiele:

Dezimalzahl	61	352	1000
Binärcode	0LL0 000L	00LL 0L0L 00L0	000L 0000 0000 0000

❹ Welche möglichen Vierergruppen haben im Binärcode keine Bedeutung? Vierergruppen heißen auch Tetraden[1]. Die überschüssigen Tetraden nennt man Pseudotetraden.

❺ Welchen Schluß kann man ziehen, wenn eine Maschine im Binärcode arbeitet und im Ergebnis LLL0 auftritt?

Pseudotetraden werden zur Fehlererkennung ausgenutzt.

❻ Ist es nur auf eine Weise (wie beim Binärcode) möglich den Ziffern 0, 1, 2, ..., 9 Vierergruppen (Tetraden) zuzuordnen? Treten beim Binärcode die Zeichen 0 und L gleich häufig auf?

❼ Codiere die folgenden Dezimalzahlen im Binärcode:

a) 13 b) 35 c) 48 d) 79 e) 104 f) 438 g) 876

Gesucht ist eine „Maschine", die bei Eingabe der einziffrigen Dezimalzahlen 0, 1, 2, ..., 9 für jede eine vierziffrige Binärzahl (Tetrade) liefert. Die Eingabe hat also 10 Eingänge, die Ausgabe 4 Ausgänge. Die folgende Zuordnungstabelle ist somit für den Binärcode gegeben:

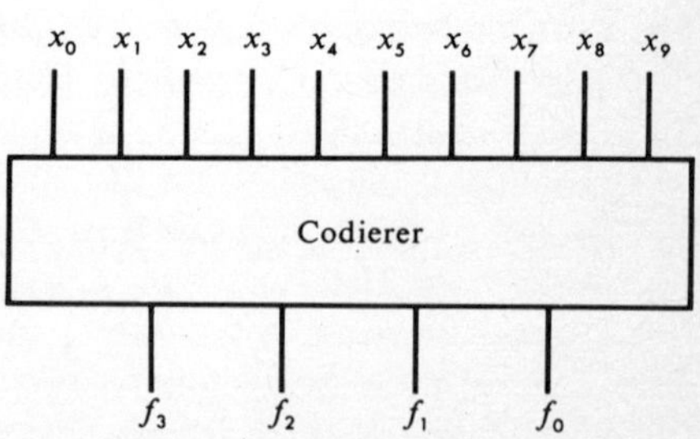

1. tetra (griech.), vier

x_0	x_1	x_2	x_3	x_4	x_5	x_6	x_7	x_8	x_9	f_3	f_2	f_1	f_0
1	0	0	0	0	0	0	0	0	0	0	0	0	0
0	1	0	0	0	0	0	0	0	0	0	0	0	L
0	0	1	0	0	0	0	0	0	0	0	0	L	0
0	0	0	1	0	0	0	0	0	0	0	0	L	L
0	0	0	0	1	0	0	0	0	0	0	L	0	0
0	0	0	0	0	1	0	0	0	0	0	L	0	L
0	0	0	0	0	0	1	0	0	0	0	L	L	0
0	0	0	0	0	0	0	1	0	0	0	L	L	L
0	0	0	0	0	0	0	0	1	0	L	0	0	0
0	0	0	0	0	0	0	0	0	1	L	0	0	L

d.h. $(x_0, x_1, \ldots, x_9) \mapsto f_0$; $(x_0, \ldots, x_9) \mapsto f_1$; $(x_0, \ldots, x_9) \mapsto f_2$; $(x_0, \ldots, x_9) \mapsto f_3$.

Für f_0, f_1, f_2, f_3 ergeben sich vier Funktionen, für die es viele Termdarstellungen gibt. Das Verfahren aus § 20 über die disjunktive Normalform ist hier zu aufwendig. Am einfachsten erhält man eine Darstellung aus der Zuordnungstafel durch Probieren. Es ist:

$f_0(x_0, x_1, \ldots, x_9) = x_1 + x_3 + x_5 + x_7 + x_9$ $\quad f_2(x_0, \ldots, x_9) = x_4 + x_5 + x_6 + x_7$

$f_1(x_0, \ldots, x_9) \quad = x_2 + x_3 + x_6 + x_7$ $\quad f_3(x_0, \ldots, x_9) = x_8 + x_9$

Beispiel: Für die Dezimalzahl 72 ergibt sich mit diesen Darstellungen:

$f_0(0, 0, 0, 0, 0, 0, 0, 1, 0, 0) = L$
$f_1(0, 0, 0, 0, 0, 0, 0, 1, 0, 0) = L$
$f_2(0, 0, 0, 0, 0, 0, 0, 1, 0, 0) = L$
$f_3(0, 0, 0, 0, 0, 0, 0, 1, 0, 0) = 0$
$f_0(0, 0, 1, 0, \ldots, 0) = 0$
$f_1(0, 0, 1, 0, \ldots, 0) = L$
$f_2(0, 0, 1, 0, \ldots, 0) = 0$
$f_3(0, 0, 1, 0, \ldots, 0) = 0$

Somit $72 = $ 0LLL 00L0

Die technische Darstellung des Binärcodes ergibt folgende Schaltung:

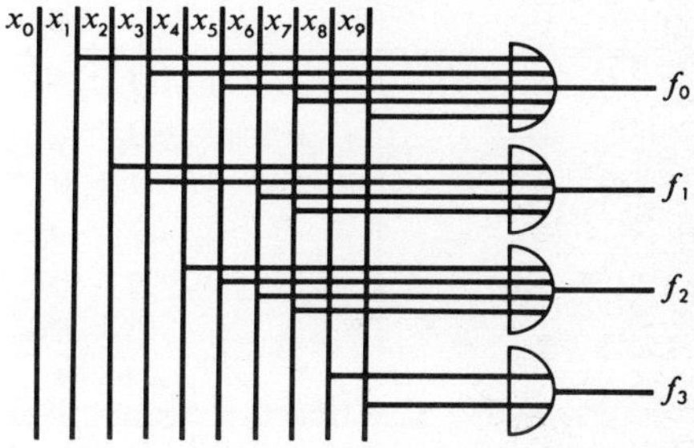

Aufgaben

1. Ein anderer Code ist der 3-Exzeß-Code. Zu ihm gehören die Funktionsterme:

$f_0(x_0, \ldots, x_9) = x_0 + x_2 + x_4 + x_6 + x_8$
$f_1(x_0, \ldots, x_9) = x_0 + x_3 + x_4 + x_7 + x_8$
$f_2(x_0, \ldots, x_9) = x_1 + x_2 + x_3 + x_4 + x_9$
$f_3(x_0, \ldots, x_9) = x_5 + x_6 + x_7 + x_8 + x_9$

und die nebenstehende Schaltung.

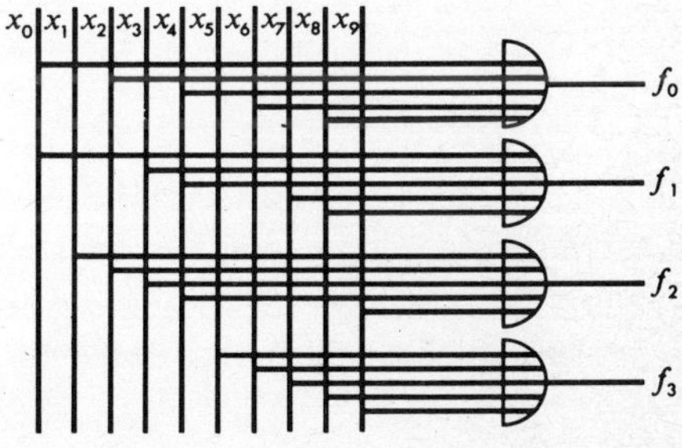

a) Stelle für den 3-Exzeß-Code die Zuordnungstafel auf.
b) Erkläre den Namen 3-Exzeß-Code, wenn Exzeß „Überschuß“ bedeutet.
c) Verschlüssele mit diesem Code die Dezimalzahlen von ⑦ (S. 62).

Liegt das Ergebnis eines elektronischen Rechners in Tetraden vor, so muß zu jeder Tetrade durch Entschlüsselung die einstellige Dezimalzahl gefunden werden.

❶ Entschlüssele (im Binärcode): L00L 00LL 00L0; 000L 0000 L000.

❷ Wieviel Eingänge und wieviel Ausgänge hat eine Decodierschaltung für eine einstellige Dezimalzahl?

❸ Wie viele Binärfunktionen sind aufzustellen? Wie viele Variable hat jede Funktion? Die Wertetafel für die Decodierung im Binärcode ist:

x_3	x_2	x_1	x_0	f_0	f_1	f_2	f_3	f_4	f_5	f_6	f_7	f_8	f_9
0	0	0	0	1	0	0	0	0	0	0	0	0	0
0	0	0	L	0	1	0	0	0	0	0	0	0	0
0	0	L	0	0	0	1	0	0	0	0	0	0	0
0	0	L	L	0	0	0	1	0	0	0	0	0	0
0	L	0	0	0	0	0	0	1	0	0	0	0	0
0	L	0	L	0	0	0	0	0	1	0	0	0	0
0	L	L	0	0	0	0	0	0	0	1	0	0	0
0	L	L	L	0	0	0	0	0	0	0	1	0	0
L	0	0	0	0	0	0	0	0	0	0	0	1	0
L	0	0	L	0	0	0	0	0	0	0	0	0	1
L	0	L	0	0	0	0	0	0	0	0	0	0	0
L	0	L	L	0	0	0	0	0	0	0	0	0	0
L	L	0	0	0	0	0	0	0	0	0	0	0	0
L	L	0	L	0	0	0	0	0	0	0	0	0	0
L	L	L	0	0	0	0	0	0	0	0	0	0	0
L	L	L	L	0	0	0	0	0	0	0	0	0	0

Das sind 6 Pseudotetraden. Nennen wir die Funktionen g_i, dann sind alle g_i null.

Die Wertetafel gibt mit der disjunktiven Normalform die 10 Funktionen in den folgenden Termdarstellungen:

$$\begin{aligned}
f_0(x_0, x_1, x_2, x_3) &= \bar{x}_0\bar{x}_1\bar{x}_2\bar{x}_3; & f_1(x_0, x_1, x_2, x_3) &= x_0\bar{x}_1\bar{x}_2\bar{x}_3\\
f_2(x_0, x_1, x_2, x_3) &= \bar{x}_0x_1\bar{x}_2\bar{x}_3; & f_3(x_0, x_1, x_2, x_3) &= x_0x_1\bar{x}_2\bar{x}_3\\
f_4(x_0, x_1, x_2, x_3) &= \bar{x}_0\bar{x}_1x_2\bar{x}_3; & f_5(x_0, x_1, x_2, x_3) &= x_0\bar{x}_1x_2\bar{x}_3\\
f_6(x_0, x_1, x_2, x_3) &= \bar{x}_0x_1x_2\bar{x}_3; & f_7(x_0, x_1, x_2, x_3) &= x_0x_1x_2\bar{x}_3\\
f_8(x_0, x_1, x_2, x_3) &= \bar{x}_0\bar{x}_1\bar{x}_2x_3; & f_9(x_0, x_1, x_2, x_3) &= x_0\bar{x}_1\bar{x}_2x_3 .
\end{aligned}$$

Diese Terme lassen sich noch erheblich vereinfachen, wie folgende Überlegungen zeigen: Von den 6 Funktionen der Pseudotetraden wird verlangt, daß für sie die Decodierschaltung nicht durchgängig ist, das heißt für

$$\begin{aligned}
g_1(x_0, x_1, x_2, x_3) &= \bar{x}_0x_1\bar{x}_2x_3; & g_2(x_0, x_1, x_2, x_3) &= x_0x_1\bar{x}_2x_3\\
g_3(x_0, x_1, x_2, x_3) &= \bar{x}_0\bar{x}_1x_2x_3; & g_4(x_0, x_1, x_2, x_3) &= x_0\bar{x}_1x_2x_3\\
g_5(x_0, x_1, x_2, x_3) &= \bar{x}_0x_1x_2x_3; & g_6(x_0, x_1, x_2, x_3) &= x_0x_1x_2x_3
\end{aligned}$$

sind alle Funktionswerte 0.

Ein Vergleich der f und g Funktionsterme zeigt, daß z.B. $\bar{x}_0 x_1 \bar{x}_2$ nur in f_2 und in g_1 auftritt. f_2 und g_1 unterscheiden sich nur in der Variablen x_3.

Da aber g_1 in der Decodierschaltung gar nicht auftreten soll, ist diese Unterscheidung ohne Bedeutung, d.h., f_2 ist durch $f_2(x_0, x_1, x_2, x_3) = \bar{x}_0 x_1 \bar{x}_2$ eindeutig festgelegt. Durch entsprechende Überlegungen erhält man für

$f_3(x_0, x_1, x_2, x_3) = x_0 x_1 \bar{x}_2$; $f_4(x_0, x_1, x_2, x_3) = \bar{x}_0 \bar{x}_1 x_2$
$f_5(x_0, x_1, x_2, x_3) = x_0 \bar{x}_1 x_2$; $f_6(x_0, x_1, x_2, x_3) = \bar{x}_0 x_1 x_2$
$f_7(x_0, x_1, x_2, x_3) = x_0 x_1 x_2$; nur f_0, f_1, f_8 und f_9 bleiben unverändert.

Das Schaltbild hat also folgendes Aussehen:

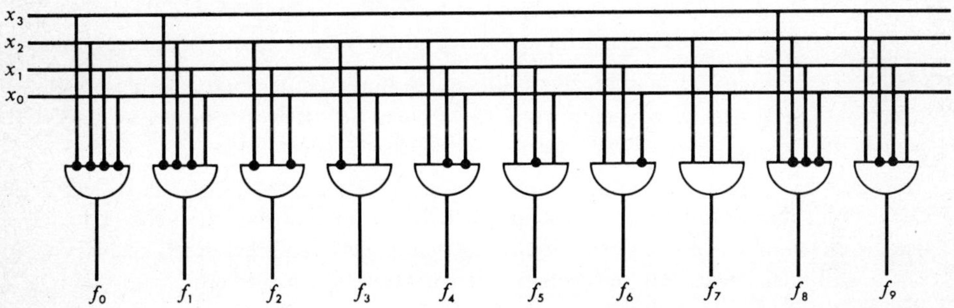

Aufgaben

1. Führe die Vereinfachung der Funktionsterme f_3, f_4, f_5, f_6, f_7 für die Decodierung im Binärcode im einzelnen durch.

2. Stelle für den 3-Exceß-Code die Wertetafel für die Decodierung auf und gib die 10 Funktionsterme an. Vereinfache die Terme und gib die Decodierungsschaltung an.

3. Entwirf für die Addition zweier einstelliger Dezimalzahlen im Binärcode eine Additionsmaschine, die aus Codierer, Rechenwerk und Decodierer besteht.

4. Zur Ein- und Ausgabe von Text, Termen, Gleichungen u.a. muß der Code erweitert werden: Neben den 10 Ziffern müssen die 26 (Groß)buchstaben und Sonderzeichen $+, -, \cdot, /, =, (,)$ darstellbar sein. Entwickle einen 6-bit-Code.

5. Gib das „Bitmuster“ für folgende Ausdrücke im in Aufg. 4 konstruierten Code an:
a) HAUS   b) BEGIN   c) $X := 0.5 \cdot (A + B)$

6. Intern arbeitet eine Rechenanlage oft im Hexadezimalsystem, also im 16er-System. Als Ziffern verwendet man: 0, 1, ..., 9, A, B, ..., F.
a) Schreibe im 16er-System die Zahlen 38 und 234.
b) Verwandle diese Zahlen zunächst ins Dualsystem und anschließend in das Hexadezimalsystem.
c) Entwirf eine Schaltung, die Zahlen vom Dualsystem ins Hexadezimalsystem codiert bzw. decodiert.

IV Ausblick

26 Bauelemente einer Datenverarbeitungsanlage

❶ Zähle die hauptsächlichen Abschnitte unserer bisherigen Betrachtungen auf und gib an, in welchem Zusammenhang sie zueinander stehen.

❷ Welches Zahlensystem verwendet man, wenn man mit elektrischen Schaltungen Rechnungen ausführen will? Begründe die Notwendigkeit der besonderen Wahl. Welche Folgerungen ergeben sich dadurch für den Anfang und das Ende einer Rechnung?

❸ Welche mechanischen maschinellen Hilfsmittel zum Ausführen von Rechenverknüpfungen werden schon lange benutzt? Was können sie im wesentlichen leisten? Gib Beispiele an, wo sie versagen. Welche Schwächen haben sie?

> Die Isomorphie von Aussagenlogik und Schaltalgebra und die Möglichkeit in beiden Bereichen mit den Gesetzen der Booleschen Algebra zu „rechnen", hat dazu geführt, daß man elektrisch mit Schaltungen binäre Zahlen addieren, subtrahieren, multiplizieren und dividieren kann. Darüber hinaus haben wir aber auch an Beispielen gesehen, wie man nicht-numerische Probleme, z.B. solche der Aussagenlogik, durch Schaltungen entscheiden kann.
> Anlagen, die diese Möglichkeiten ausnutzen und die sehr schnell arbeiten, werden elektronische Datenverarbeitungsanlagen (EDVA) oder „Computer" genannt. Außer dem Ausführen der vier Grundrechenarten können solche Anlagen z.B. noch Vergleiche durchführen oder nach bestimmten Gesichtspunkten sortieren.

Beispiel: Die folgende Aufgabe soll das Zusammenspiel der Teile einer Rechenanlage verdeutlichen. (In der Wirklichkeit ist die Lohnabrechnung noch wesentlich vielschichtiger.)

In einer Lohnbuchhaltung berechnet der Lohnbuchhalter den Lohn eines Arbeiters aus den vorhandenen Unterlagen. Als Hilfsmittel stehen ihm zur Verfügung:

(1) Die *Stechuhrkarte* des Arbeiters: Sie enthält die Personalien und die eingestempelten Arbeitsstunden:	Eingabe
(2) Die *Lohntabelle* entsprechend der Einzelsituation des Arbeiters (Familienstand, Alter usw.):	Speicher T
(3) Die *Lohnsteuer*tabelle:	Speicher L
(4) Die *Tabelle* für *Sozial*- und Krankenversicherung:	Speicher V
Der Buchhalter *weiß, wie* er damit den Nettolohn ausrechnet. Er verfährt nach einem Schema (*Programm*):	Steuerwerk

Zur Rechnung verwendet er eine *Tischrechenmaschine:*

Die Zwischenergebnisse speichert er auf einem *Rechenblatt* an verschiedenen Stellen:

Zum Schluß hält er das *Ergebnis* auf einem Lohnstreifen fest:

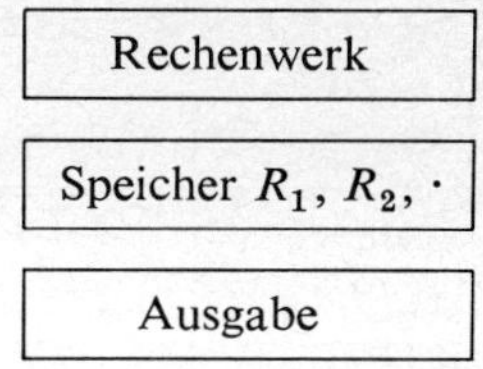

Schematische Darstellung

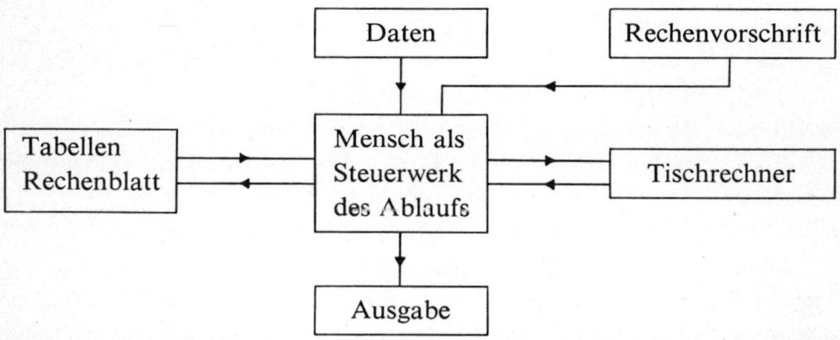

Eine Datenverarbeitungsanlage arbeitet genau entsprechend. Wesentlich ist, daß die *Steuerfunktion des Menschen* durch ein *elektronisches Steuerwerk* ersetzt wird, dem der Ablauf der Rechnung durch ein *Programm* eingegeben wird, das dem Problem entspricht. Die Maschine ersetzt also den Menschen keineswegs. Sie übernimmt lediglich die Steuerung des vom Menschen entworfenen Programms.

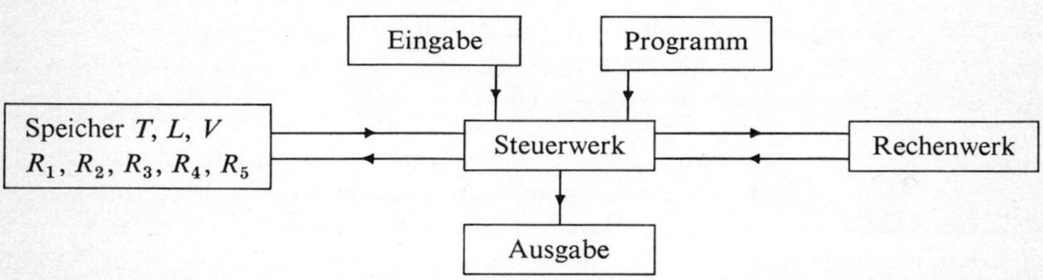

Aufgaben

1. Der Befehl „$X := a$;" bedeutet im einzelnen: X Name des Empfängerspeichers, : Transportbefehl, := Speicherungssymbol. Was rechts davon steht, wird neu in X gespeichert, der vorhergehende Inhalt von X geht verloren, das Zeichen; schließt jeden Befehl ab. Was bedeutet danach :
   a) $R := 0$; $R := R + E$; $U := U + 1$;
   b) $S := U - V$; $R_3 := T - R_2$; $R_4 := V - 100$;?
2. Gliedere das Beispiel des Lohnbuchhalters durch Speichertransportbefehle.
3. Gib für die Berechnung der Summe $s = 16 + 9$ eine Folge von Rechenbefehlen mit Speichern.

27 Arbeitsweise eines Computers

❶ Dividiere 241 : 47 und schreibe die Rechentechnik als Folge von Anweisungen nieder. Was fällt auf?

> Rechenverfahren, bei denen sich Rechenschritte in gleicher Weise wiederholen, eignen sich besonders für die Rechnung mit Computern. Man muß dabei:
>
> (1) Das Verfahren in Teilschritte zerlegen, bei denen Wiederholungen besonders herausgestellt werden.
>
> (2) In einem Flußdiagramm die Reihenfolge der Rechenschritte, die Wiederholungen und die notwendigen Entscheidungen festhalten.
>
> (3) Das Flußdiagramm in eine für den Computer geschaffene Kunstsprache (z.B. ALGOL)[1] umsetzen. So tritt ein „Programm“, in dem jeder Einzelschritt verschlüsselt enthalten ist, an die Stelle des menschlichen Denkens.
>
> (4) Das in der „Computersprache“ verfaßte Programm wird mit einer Spezialschreibmaschine auf Lochkarten geschrieben.
>
> (5) Diese Lochkarten kommen in die Eingabe und werden dort „gelesen“ (READ) und in Computerbefehle umgesetzt. Die Programmiersprache ALGOL muß noch in die Sprache umgesetzt werden, in der die Maschine arbeitet, d.i. eine binär verschlüsselte Sprache.
>
> (6) Das Steuergerät des Computers führt die Befehle aus, und das Ergebnis wird errechnet.
>
> (7) Der Computer gibt das Ergebnis in die Ausgabe (PRINT).

Beispiel: Berechnung von $\sqrt{2}$ auf 6 Dezimalen. Es wird von einer Intervallschachtelung für $\sqrt{2}$ eine Teilfolge errechnet, die dann abgebrochen wird, wenn die Intervallänge $\varepsilon < 10^{-6}$ ist, d.h., wenn $\varepsilon - 10^{-6}$ negativ wird.

Wir verwenden das sogenannte „Halbierungsverfahren“, bei dem das jeweils nächste Intervall in dem $\sqrt{2}$ liegt, aus dem vorhergehenden dadurch entsteht, daß man die Intervallänge halbiert und dasjenige der beiden Teilintervalle nimmt, in dem $\sqrt{2}$ liegt.

(1) *Analyse des Verfahrens:*

1) $\sqrt{2}$ liegt im Innern von [1; 2]: allgemein $\sqrt{d}$ in $[a, b]$.
2) Halbierungsstelle dieses Intervalls ist 1,5. Variable sei x.
3) Entscheiden, ob $1{,}5^2 > 2$ oder $1{,}5^2 < 2$ ist.
4) Auswählen desjenigen Intervalls, in dem $\sqrt{2}$ liegt, also [1; 1,5].
5) Berechnen der Intervallänge, hier 0,5, und mit 10^{-6} vergleichen.

Die Überlegungen 2), 3), 4), 5) werden anschließend genau so auf das Intervall [1; 1,5] angewendet und solange fortgesetzt, bis die Intervallänge kleiner als 10^{-6} ist. (Zeige, daß man mindestens 20mal halbieren und entscheiden muß!)

---

1. Algorithmic language

(2) *Flußdiagramm* und *Umsetzung* in die Computersprache ALGOL.

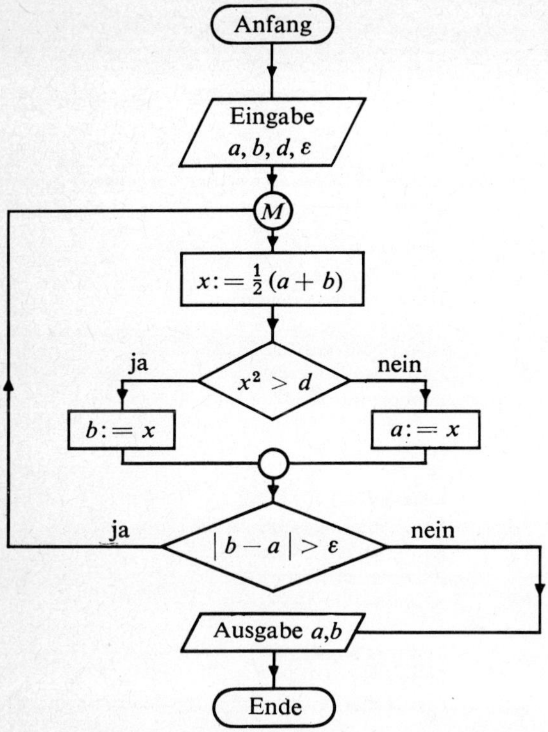


```
'BEGIN'
'REAL' A, B, D, EPS, X;

READ  A,B,D, EPS;

M:    Marke für Rück-
      sprung (Adresse)
X:= 0.5 * (A + B);

'IF' X * X 'GREATER' D
'THEN' B:= X
'ELSE' A:= X;
'IF' B − A 'GREATER'
  EPS
'THEN' 'GO TO' M;

PRINT  A,B;

'END';
```

$b := x$ heißt „ersetze b durch x“ oder „bringe x an die Stelle von b“.

(3) Mit einem *Lochkartenschreiber* wird das Programm auf Lochkarten geschrieben.

(4) Der „*Lochkartenleser*“ nimmt das Programm mit allen dazugehörigen Daten auf. Dabei wird z. B. der zusammengesetzte Befehl $X := 0.5 * (A + B)$; in Einzelbefehle der Maschinensprache aufgegliedert:
1) Hole den Inhalt des Speichers A in den Arbeitsspeicher.
2) Addiere dazu den Inhalt des Speichers B.
3) Multipliziere die Summe mit 0,5.
4) Speichere das Ergebnis im neuen Speicher X.

(5) Die *Programmdurchführung* beginnt. Auf Einzelheiten müssen wir hier verzichten.

(6) Nach Beendigung der Rechnung stehen im Hauptspeicher die gesuchten Intervallgrenzen, und der PRINT-Befehl leitet die *Ausgabe* ein.
Die binär codierten Zahlen für A und B werden decodiert und von einem Schnelldrucker dezimal ausgedruckt: $A = 1{,}414213$; $B = 1{,}414214$.

Das Beispiel zeigt andeutungsweise, wie Bausteine einer EDV-Anlage zusammenspielen. Aber nur das, was der Mensch in die Programmsprache umsetzt, d. i. die Sprache zwischen Mensch und Maschine, wird vom Computer, allerdings mit sehr großer Geschwindigkeit, bearbeitet.

Register